Sabine Gosch (Hrsg.)

Akupunktur Pferd: Atemwege

Sabine Gosch (Hrsg.)

Akupunktur Pferd: Atemwege

Einführung und Fallbeispiele

Unter Mitarbeit von
Gisela Clauß-Arndt und Angelika Dura

M.& H. Schaper

Bibliografische Information der Deutschen Nationalbibliothek
Die Deutsche Nationalbibliothek verzeichnet diese Publikation in der Deutschen Nationalbibliografie; detaillierte bibliografische Daten sind im Internet über http://dnb.ddb.de/abrufbar.

ISBN 978-3-7944-0228-1 (Print)
ISBN 978-3-7944-0238-9 (PDF)

Abbildungen: fotolia.com: Anastasya Sh; Alexander von Düren; rotoGraphics; hjschneider
Grafik: Kerker + Baum, Büro für Gestaltung, Hannover
Reihengestaltung: Groothuis, Lohfert, Consorten/glcons.de
Satz: PER Medien+Marketing GmbH, Braunschweig
Druck und Bindung: Beltz Bad Langensalza GmbH, Bad Langensalza

Inhalt

Autoren

Dr. Gisela Clauß-Arndt
Wiesen 1
94167 Tettenweis

Dr. Angelika Dura
Schillerstraße 44
35428 Langgöns

Dr. Sabine Gosch
Sofienstraße 43a
76461 Muggensturm

Vorwort

Der Einsatz von Akupunktur ist in der Tiermedizin inzwischen verbreitet. Von Seiten der Tierhalter besteht eine stetig steigende Nachfrage, auch als ergänzendes Therapieverfahren. In den letzten Jahren ist ein umfangreiches Angebot an Fortbildungen für Tierärzte entstanden. Demzufolge nimmt auch die Zahl der Tierärztinnen und Tierärzte, die ihre fachliche Qualifikation in diesem Bereich durch den Erwerb der Zusatzbezeichnung »Akupunktur« mit Prüfung durch die Tierärztekammern bestätigen, kontinuierlich zu.

Die schul- und regulationsmedizinisch erfahrenen Autorinnen, die seit vielen Jahren in der Fort- und Weiterbildung der Akademie für tierärztliche Fortbildung (ATF) zur Veterinärakupunktur als Referentinnen aktiv tätig sind, widmen sich der Diagnostik und Therapie von Erkrankungen der Atemwege, einem weit verbreiteten Problemfeld der Pferdepraxis, das erfolgversprechend mit Akupunktur zu behandeln ist. Sie geben praktische Anregungen für den Einsatz der Akupunktur. Dabei beschreiben sie ihre individuelle Vorgehensweise. Diese Fallpräsentationen sollen Mut machen, mit vorgegebenem Handwerkszeug einen eigenen diagnostischen und therapeutischen Weg mit der Akupunktur zu finden.

Im ersten Teil werden Grundlagen sowie der Untersuchungsgang und die Pathologie des Funktionskreises Lunge wiederholt. Nach einer Zusammenfassung der speziellen diagnostischen und therapeutischen Akupunkturpunkte folgen zahlreiche Fallbeispiele, die ausführlich den Weg zur Diagnose und Auswahl der Therapiepunkte erläutern.

Ich bin davon überzeugt, dass dieses Buch der erfolgreichen Akupunkturanwendung in der eigenen Praxis dienen kann.

Berlin, Mai 2012

Diane Hebeler
Geschäftsführerin der ATF

Therapeutische Punkte

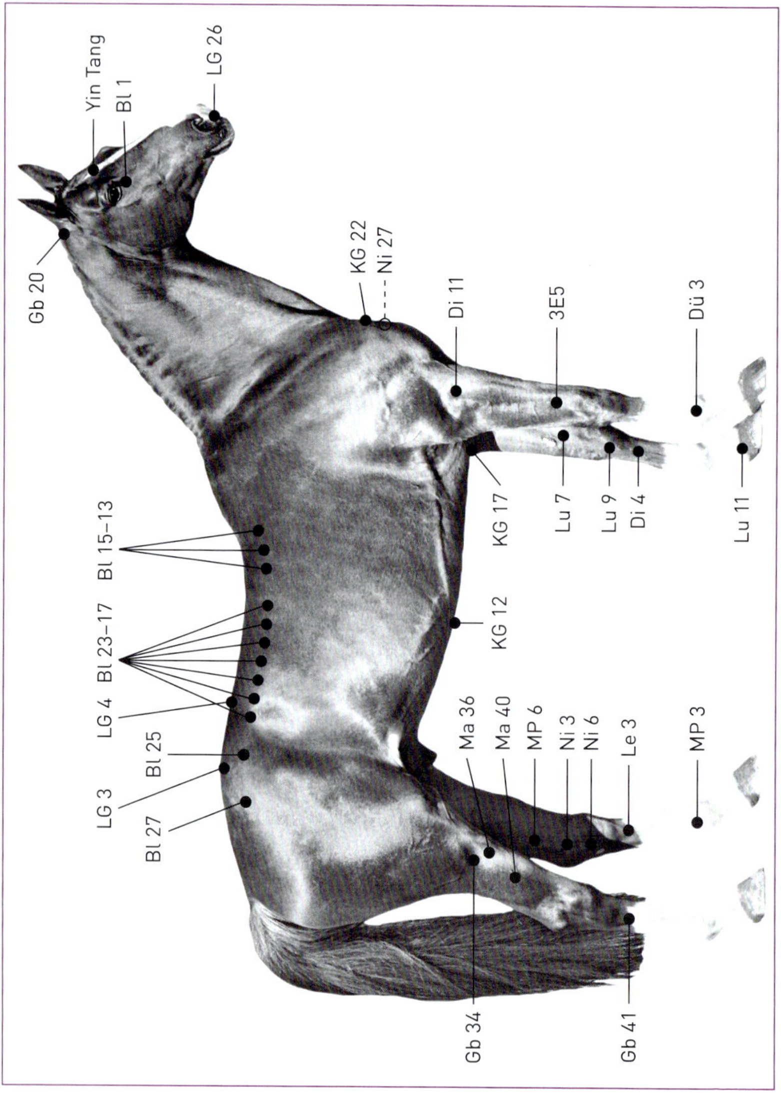

Diagnostische Punkte

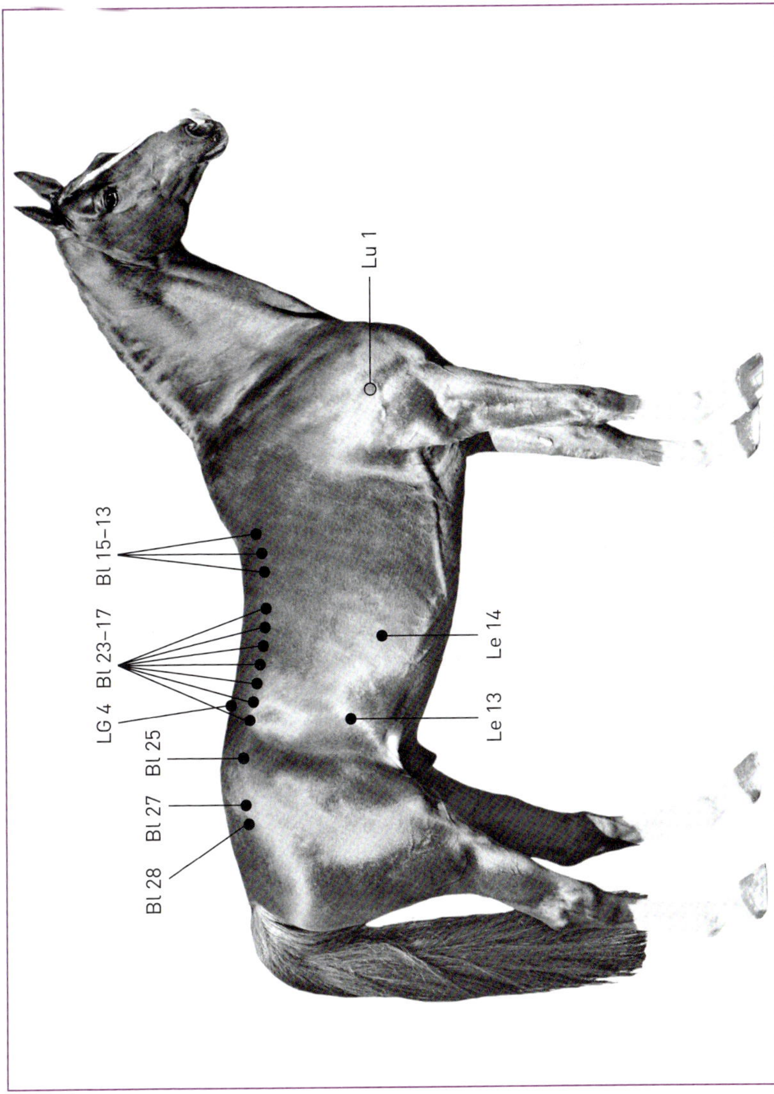

1 Einführung

1.1 Die Akupunkturtherapie

Die Akupunkturtherapie kann in drei verschiedene Techniken eingeteilt werden:

1. Das sogenannte *Locus-dolendi-Stechen*; hierbei wird die Nadel an druckdolenten (auf Druck schmerzhaften) Punkten gestochen. Dies ist die einfachste Form der Akupunktur, die zwar oft eine Wirkung zeigt, deren Erfolg aber meist nicht nachhaltig ist.
2. Bei der *symptomatischen Akupunktur* werden nach Stellung einer westlichen Diagnose bestimmte Punktkombinationen gestochen. Die Wirkung dieser Methode, die manchmal auch als »Kochbuchakupunktur« bezeichnet wird, ist im Allgemeinen von längerer Dauer als das Locus-dolendi-Stechen.
3. Der *Energieausgleich*. Hierunter versteht man die Grundbehandlung nach der Traditionellen Chinesischen Veterinärmedizin (TCVM). Dies ist die »wahre« Akupunktur und zeigt, sachgerecht ausgeführt, die besten und nachhaltigsten Ergebnisse.

Es werden auch Mischformen angewendet, z. B. kann man einen Energieausgleich mit »symptomatischen« Punkten kombinieren.

1.2 Untersuchung der Shu-Punkte

Prinzipiell hat man bei Fülle-Zuständen druckdolente Punkte, bei Leere-Zuständen wird der Druck auf die Punkte als angenehm empfunden. Es ist aber auch möglich, dass die Punkte nur »reagieren«, d. h. die Pferde zucken mit der Haut etwa so, wie sie auf ein Insekt reagieren würden.

Technik

Die Haut wird schnell durchstochen, dann wird die Nadel langsam tiefer geführt bis das »De-Qi-Gefühl« oder »PSC« *(propagated sensation along the channel)* ausgelöst wird. Dies ist am Anfang nicht so leicht zu spüren, aber mit der Zeit entwickelt man ein Gefühl dafür, ob der Punkt getroffen wurde. Ist dies der Fall, entspannen sich die meisten Pferde sichtlich, kauen, gehen in Ruhestellung und dösen vor sich hin.

Die Verweildauer der Akupunkturnadeln beträgt normalerweise 15 bis 20 Minuten, es ist aber auch, je nach Fall möglich, die Nadeln kürzer oder länger zu belassen. Die Nadel sollte sich leicht entfernen lassen. Ist dies nicht der Fall, »arbeitet« sie noch und sollte nicht gezogen werden. Die Anzahl der Nadeln pro Behandlung variiert, der Anfänger wird mehr Nadeln benötigen. Je mehr Erfahrungen der Akupunkteur sammelt, desto mehr sollte sich die Zahl der Nadeln reduzieren. Im Schnitt werden ca. zwei bis fünf Punkte genadelt.

Bei **akuten Erkrankungen** benötigt man weniger Behandlungen und wählt kürzere Behandlungsintervalle. Hier kann 2–3 × pro Woche behandelt werden.

Bei **chronischen Erkrankungen** sind die Abstände zwischen den Behandlungen länger, i. d. R. mindestens eine Woche und es werden meist mehr Behandlungen benötigt.

Die Stichtiefe ist unterschiedlich und richtet sich nach der Lage des jeweiligen Punktes. Es darf kein Dauerschmerz ausgelöst werden, dann ist die Nadel zu entfernen. Manche Pferde wehren sich gegen die Nadeln. Möglicherweise lösen die Nadeln bei diesen Pferden einen zu starken Reiz aus. Für solche Fälle kann statt Nadeln auch ein Akupunkturlaser zum Einsatz kommen.

Praxistipp

Es kann auch vorkommen, dass ein Pferd sich die Nadeln gut setzen lässt und nach ein paar Minuten beginnt, sich vehement zu wehren, was sehr unangenehm ist und glücklicherweise nur selten vorkommt. Hier scheiden sich die Geister der Akupunkteure: die einen plädieren dafür, die Nadeln zu belassen, weil sich das Pferd nach kurzer Zeit meist wieder beruhigt, die anderen ziehen die Nadeln möglichst umgehend wieder.

1.3 Nadeln

Es werden sterile Einmalnadeln aus Edelstahl verwendet, die sehr dünn und biegsam sind. Es gibt sie beschichtet und unbeschichtet, ohne und mit (dies erleichtert das Durchstechen der Haut) Führungsröhrchen. Außerdem gibt es stärkere Spezialnadeln für Großtiere, die aber den Nachteil haben, dass sie sterilisiert und auch von Zeit zu Zeit nachgeschliffen werden müssen. Für sogenannte »Blutpunkte« (s. u.) kann man auch Injektionskanülen verwenden. Bei der »normalen« Akupunktur sind sie nicht zu empfehlen, da sie viel leichter abbrechen können und auch die Infektionsgefahr größer ist.

1.4 Moxibustion, Moxa

Unter Moxa versteht man eine Wärmezufuhr auf Akupunkturpunkte durch Verglühen von getrockneten Beifußblättern *(Artemisia vulgaris)*. Auf diese Weise wird der Nadelreiz zusätzlich durch Wärmeeinwirkung verstärkt, vorwiegend bei Erkrankungen, die durch den klimatischen Faktor Kälte hervorgerufen werden oder bei Tieren, die eine Yang-Leere haben.

Für Pferde werden hierfür hauptsächlich Moxazigarren verwendet, die an den Akupunkturpunkt gehalten werden oder sogenannte Moxahütchen, die direkt auf die Metallnadeln aufgesetzt werden.

Zum Moxen: Indiz dafür ist ein langsamer Puls (Kälte) und blasse, manchmal bläuliche Schleimhäute. In der Regel kann man nichts falsch machen, wenn man eine Moxazigarre an einen Punkt hält. Das Pferd wehrt sich, wenn diese Behandlung nicht indiziert ist. Wenn die Wärme gut tut, entspannen sich die Pferde und genießen die Behandlung.

Praxistipp
Wenn man das Moxahütchen (man kann auch ein Stück von der Moxazigarre abbrechen) direkt auf die Nadeln setzt, empfiehlt es sich, eine Klemme oder ähnliches bereit zu halten, damit man das Hütchen oder die Nadel bei Bedarf schnell entfernen kann ohne sich die Finger zu verbrennen.

1.5 Blutpunkte/Bluten lassen

Diese Technik wendet man an, um Hitze auszuleiten bzw. Fülle zu mindern. Man kann diese Punkte mit einer Akupunkturnadel stechen, aber oft werden hierzu Kanülen verwendet. Die Nadel wird gestochen und über einen kurzen oder längeren Zeitraum belassen, je nachdem wie viel Hitze bzw. Fülle man ausleiten möchte. Nach Entfernen der Nadel kann es noch einige Zeit nachbluten.

2 Untersuchung und Fallbearbeitung

2.1 Untersuchungsgang

Diagnose durch Augenschein

- Gesamterscheinung, Gestalt
- Haltung und Bewegung
- »Lebenskraft«, Konstitution
- Ausstrahlung (konstellierende Kraft Shen)
- Typ (nach den 5 Wandlungsphasen)
- Temperament
- Haar
- Augen und Lider
- Nase
- Lippen, Mund, Zähne
- Zunge
- Schleimhäute
- Gliedmaßen, Hufe
- Ausscheidungen

Diagnose durch Hören und Riechen

- Klang von Stimme, Atemgeräusche
- Geruch (Körpergeruch, Körperausscheidungen)

Befragung der Patientenbesitzer

- Alter und Aufzucht
- Soziales Verhalten: (a) in Tiergruppen, (b) gegenüber Bezugspersonen
- Sexuelles Verhalten
- Lernfähigkeit und Lernwille
- Schmerzempfindung
- Schlafgewohnheiten
- Temperaturempfinden

- Fressverhalten, Durst, Hunger
- Miktion
- Zeit
- Laufende Therapien, Medikamente
- Wann und unter welchen Umständen hat es begonnen?
- Was bessert, was verschlechtert?

Betastung

- Reaktion auf körperliche Kontaktaufnahme
- Temperatur der Oberfläche
- Puls
- Schmerzpunkte
- Shu-Punkte
- Mu-Punkte
- Prüfung der Beweglichkeit

Allgemeine Einflussfaktoren

- Jahreszeit, Klima
- Lebensumstände (Umfeld) und Lebensgewohnheiten

Es erleichtert die Diagnosestellung, wenn man sich möglichst genau an den Untersuchungsgang hält und dadurch viele Informationen sammelt. Der Punkt »Befragung der Patientenbesitzer« ist sehr großen Schwankungen ausgesetzt. Es gibt Besitzer, die ihre Pferde sehr genau beobachten und auch ganz sicher wissen, wie ihr Tier reagiert, aber es gibt natürlich auch solche, die die Fragen kaum oder gar nicht beantworten können. Oft ist auch über die Vorgeschichte nichts oder nur wenig bekannt.

2.2 Fallbearbeitung

Signalement/Patient/Fallnummer

Anamnese

Modalitäten

Befunde

Diagnose

Acht Leitkriterien

Pathogene Faktoren

Vitale Substanzen

Meridiane

Fünf Wandlungsphasen

Zang Fu

Pathogenese

Therapie

Punkte	Begründung/Wirkung

Weiteres Vorgehen

3 Pathologie des Funktionskreises Lunge

3.1 Akute Füllemuster – Außen

Diese Füllemuster entstehen durch das Eindringen exogener Pathogener Faktoren wie *Wind-Kälte, Wind-Nässe, Wind-Hitze* und *Wind-Trockenheit.*

Der Funktionskreis Lunge ist das äußerste Yin-Organ und hat somit direkte Beziehung zur Außenwelt. Äußere Pathogene Faktoren können oberflächlich leicht direkt über Haut, Mund und Nase eindringen. Es gibt zwei Möglichkeiten, wie ein exogener Pathogener Faktor eindringen kann:

Ein starker Pathogener Faktor überwältigt das Abwehr-Qi (Wei Qi)
oder
Ein schwacher Pathogener Faktor trifft auf ein erschöpftes Tier

3.1.1 Wind-Kälte dringt in die Lunge ein

- Der exogene Pathogene Faktor dringt über die Haut, den Mund oder die Nase in den Körper ein
- Das Abwehr-Qi (Wei Qi) wird beeinträchtigt
- Das Absteigen des Lungen-Qi wird behindert, dadurch entsteht Husten

Symptome

- Glieder-, Hals- und/oder Kopfschmerzen
- Kälte blockiert die verteilende Funktion der Lunge, es kommt zu Husten
- Bei anhaltender Blockade kann sich Kälte in Hitze umwandeln
- Frösteln/Schüttelfrost, weil das Abwehr-Qi (Wei Qi) sich gegen das Eindringen des exogenen Pathogenen Faktors wehrt
- Erhöhte Temperatur
- Kaum Schweiß
- Abneigung gegen Zugluft
- Wässriger, klarer bis weißlicher Nasenausfluss

- Wässriges, klares bis weißliches Sputum
- *Puls:* oberflächlich, gespannt
- *Zunge:* evtl. dünner, weißlicher Belag
- *Schleimhäute:* blass, evtl. leicht bläulich, feucht

Ätiologie
- Wind-Kälte
- Zugluft

Therapie

Therapieprinzipien
- Wind ausleiten
- Kälte eliminieren (Moxa)
- Oberfläche befreien
- Lunge stärken

Punkte
Lu 7, Di 4, Di 20, 3E 5, Bl 13, Bl 12, Gb 20

Beispiele
- Akute Atemwegsinfektionen
- Die Tiere sind müde, stellen die Haare auf, bewegen sich ungern und sind steif

3.1.2 Wind-Hitze dringt in die Lunge ein

Symptome
- Fieber
- Schwitzen (leicht)
- Atembeschwerden
- Husten (kräftig)
- Schluckbeschwerden (Schmerzen)
- Vergrößerte Lymphknoten, Tonsillen
- Durst, Verstopfung

- Trockene Nase, eitriger Nasenausfluss/eitriges Sputum
- *Puls:* schnell, oberflächlich
- *Zunge:* rot, dünner, gelblicher Belag
- *Schleimhäute:* gerötet, trocken

Ätiologie

- Wind-Hitze

Therapie

Therapieprinzipien

- Wind und Hitze eliminieren

Punkte

- Lu 5, Lu 7, Lu 11, Ma 44, 3E 5, LG 14, Bl 13, Gb 20

Beispiele

- Pferd mit Kehlkopfentzündung
- Pneumonie, Bronchitis, Asthma, Tonsillitis

3.1.3 Wind-Nässe dringt in die Lunge ein

Symptome

- Fieber
- Plötzliche Anschwellung im Gesicht bzw. um die Augen
- Abneigung gegen Wind
- Schwitzen
- Atembeschwerden, Atemnot
- Vergrößerte Lymphknoten
- Niesen, Prusten
- Husten
- *Puls:* oberflächlich gespannt, in der Tiefe »gleitend«, schlüpfrig
- *Zunge:* klebrig, feucht, weißlich
- *Schleimhäute:* klebrig, feucht

Ätiologie

- Angriff von Wind
- Nässe

Therapie

Therapieprinzipien

- Wind und Nässe eliminieren

Punkte

- Lu 7, Lu 9, Di 6, Di 4, D 11, KG 9, Ma 40

3.1.4 Wind-Trockenheit dringt in die Lunge ein

Diese Lungenpathologie kommt in unseren Breitengraden so gut wie nicht vor und wird hier nur der Vollständigkeit halber erwähnt. Es wird unterschieden zwischen »Wind plus warme Trockenheit« (tatsächlich ein »Wüstenproblem«) und »Wind plus kalte Trockenheit«. Dieses kann in unseren Breitengraden vorkommen.

Symptome

- Trockener, unproduktiver Husten (aufgrund der Schleimqualität, s. u.)
- Durst
- Trockene Haut
- Leichtes Fieber
- Schwitzen
- Atembeschwerden (verursacht durch dicken, zähen Schleim, schwer auszuhusten), Atemnot
- Heiserkeit
- Trockene, »kratzende« Kehle und daraus resultierender »Reizhusten« (bei kalter Trockenheit)
- *Puls:* schnell, gleitend, später »dünn« (durch Flüssigkeitsverlust)
- *Zunge:* trocken
- *Schleimhäute*: trocken

Ätiologie
- Angriff von Trockenheit und Wind
- Mangel an Körperflüssigkeiten (werden verbraucht)
- Absteigen des Lungen-Qi wird behindert

Therapie

Therapieprinzipien
- Lunge befeuchten
- Flüssigkeiten nähren
- Lungen-Qi stützen

Punkte
- Lu 7, Lu 9, Lu 5, Ni 6, MP 6, KG 17, Bl 13

3.2 Akute Füllemuster – Innen

Diese Füllemuster entstehen, wenn Pathogene Faktoren tiefer eintreten.

3.2.1 Lungenhitze

Symptome
- Trockener, schmerzhafter Husten
- Wenig Schleim, schwer auszuhusten, evtl. mit Blut
- Fieber
- Schmerzen im Brustkorb
- Trockenes Maul
- Durst
- Kurzatmigkeit, Keuchen
- *Puls:* schnell, drahtig
- *Zunge:* rot, gelber Belag
- *Schleimhäute:* rot, trocken

Ätiologie
- Eindringen von Hitze
- Absteigen des Lungen Qi wird behindert
- Körperflüssigkeiten werden verbraucht

Therapie

Therapieprinzipien
- Hitze ausleiten
- Lunge befeuchten
- Lungen-Qi stützen

Punkte
- Lu 1, Lu 5, Lu 7, Lu 11, Bl 13, KG 17, Di 4, Di 11, 3E 5, LG 14

3.2.2 Schleim-Hitze in der Lunge

Symptome
- Husten (»bellend«)
- Atemnot
- Fieber
- Gelbliches bis grünliches Sputum
- *Puls:* schnell, »gleitend«, voll
- *Zunge:* rot, gelb-klebriger Belag
- *Schleimhäute:* rot, eher trocken

Ätiologie
- Eindringen von Wind-Hitze in eine tiefere Schicht. Wind-Hitze trocknet die Körperflüssigkeiten aus, es entsteht Schleim. Eine bereits vorhandene, latente Milz-Qi-Schwäche wird verstärkt.

Therapie

Therapieprinzipien
- Hitze eliminieren
- Schleim auflösen
- Milz und Lunge stützen

Punkte
- Lu 5, Lu 7, Lu 9, Di 11, Bl 13, Ma 40, KG 12

Beispiel
- (Rezidivierende) Atemwegsinfektionen

3.3 Chronische Füllemuster

Diese Füllemuster entstehen durch den Einfluss endogener Pathogener Faktoren wie Nässe-Schleim der Lunge, Schleim-Hitze der Lunge, Schleim-Flüssigkeiten der Lunge und Leber-Feuer, welches die Lunge attackiert.

3.3.1 Schleim-Nässe in der Lunge

Symptome
- Chronischer Husten, Asthma
- Atembeschwerden, Atemnot, Thoraxenge (das Absenken des Lungen-Qi wird durch Schleim behindert), Keuchen
- Schnelle Ermüdbarkeit
- Reichlich weißes, flüssiges Sputum (leicht abzuhusten)
- Abneigung gegen Liegen (Fülle-Schleim – durch das Liegen sammelt sich noch mehr Schleim an, bzw. Druck verschlechtert, da eine Fülle besteht)
- *Puls:* »gleitend«
- *Zunge:* klebriger, weißer Belag
- *Schleimhäute:* blass

Ätiologie
- Milz-Qi- und Milz-Yang-Mangel (Milz produziert Schleim, Lunge speichert Schleim)

Therapie

Therapieprinzipien
- Nässe bewegen
- Schleim auflösen
- Milz stützen
- Milz-Yang wärmen
- Lunge stützen

Punkte
Lu 1, Lu 5, Lu 7, KG 9, KG 12, KG 17, KG 22, Bl 13, Bl 20, Ma 40

3.3.2 Schleim-Hitze in der Lunge

Symptome
- Zustand ähnelt Schleim-Hitze im akuten Stadium.
- Husten, teilweise mit Anstrengung (»bellend«)
- Atemnot, Thoraxenge
- Rezidivierendes Fieber
- Gelbliches bis grünliches Sputum (reichlich, stinkend)
- *Puls:* schnell, »gleitend«, voll
- *Zunge:* rot, gelb-klebriger Belag
- *Schleimhäute:* rot, eher trocken

Ätiologie
- Chronische Milzschwäche

Therapie

Therapieprinzipien
- Hitze eliminieren
- Schleim auflösen
- Milz tonisieren
- Absteigen des Lungen-Qi unterstützen

Punkte

Lu 5, Lu 7, Lu 9, Di 11, Bl 13, Ma 40, LG 14, KG 12, KG 17, MP 3, MP 6, Ma 36, Bl 3, LG 14

3.3.3 Schleim-Flüssigkeiten der Lunge

Symptome

- Zustand ähnelt Nässe-Schleim.
- Schwacher Husten
- Kältegefühl
- Thoraxenge
- Dyspnoe
- Müdigkeit
- Appetitlosigkeit
- *Zunge:* blass, klebriger, weißer Belag
- *Puls:* fein, etwas schlüpfrig
- *Schleimhäute:* blass, eher feucht

Ätiologie

- Milz-Qi-Mangel
- Milz-Yang-Mangel,
- Nieren-Yang-Mangel

Therapie

Therapieprinzipien

- Nässe ausleiten
- Schleim auflösen
- Kälte zerstreuen (Moxa)
- Milz und Niere tonisieren

Punkte

- Lu 5, Lu 7, Ma 36, Ma 40, KG 12, MP 6, Bl 13, Bl 23, LG 4

3.3.4 Leber-Feuer verletzt die Lunge

Symptome

- Gelbes Sputum
- Gerötete Augen
- Hustenattacken
- Hitzesymptome
- Wenig dunkler Urin, Obstipation
- Unruhe
- *Zunge:* rot, gelber Belag, Zungenränder gerötet
- *Puls:* gespannt, schnell, saitenförmig
- *Schleimhäute:* gerötet und gestaut

Ätiologie

- Leber-Qi-Stagnation, emotionale Belastung (Ärger, Frustration) – **Fülle**
- (Niere in Leere, ernährt Leber nicht – **Leere.**)

Therapie

Therapieprinzipien

- Leber-Feuer löschen
- Leber harmonisieren
- Absenkende Funktion der Lunge stärken
- Psyche beruhigen
- Niere stärken.

Punkte

- Le 2, Le 3, Bl 18, Bl 23, Lu 1, Lu 7, He 7, Ni 3, Pc 6, LG 20

3.4 Chronische Leeremuster

Diese Leeremuster sind Folgen innerer Pathologien. Alle Leeremuster der Lunge basieren auf einem Qi-Mangel; dies betrifft alle Zang-Organe.

Ursachen:
- Infekt heilt nicht aus, wiederkehrende Infekte
- Schwächung des Lungen-Qi und folgend des Lungen-Yin
- Beeinträchtigung des Funktionskreises Milz = Transformation gestört = Schleimbildung
- Absenkende Funktion gestört = Funktionskreis Niere betroffen
- Die Versorgung der Körperflüssigkeiten Jin Ye gerät aus der Balance
- Lungen-Qi-Mangel
- Lungen-Yin-Mangel

Lungen-Qi-Mangel und Lungen-Yin-Mangel treten häufig in Kombination mit anderen Disharmonien auf:
- Lungen-Qi-Mangel – Milz-Qi-Mangel
- Lungen-Qi-Mangel – Nieren-Yang-Mangel
- Lungen-Yin-Mangel – Nieren-Yin-Mangel

3.4.1 Lungen-Qi-Mangel

Symptome
- Kraftloser Husten (die Lunge kann Qi nicht nach unten schicken)
- Chronischer Husten
- Kurzatmigkeit (bei Belastung)
- Dyspnoe
- Bewegung verschlechtert
- Spontanes Schwitzen tagsüber bei geringer Belastung
- Abneigung gegen Kälte (Yang-Leere)
- Schwache Stimme
- Wässriges Sputum (Dysregulation der Wasserwege: im Oberen Dreifachen Erwärmer findet keine Umwandlung statt)
- Müdigkeit !
- Die Symptome entstehen langsam und verschlechtern sich bei Belastung
- *Zunge*: blass
- *Puls:* leer, kraftlos
- *Schleimhäute:* blass

Ätiologie

- Haltung (z. B. enge Boxen, wenig Auslauf etc.)
- Pathogene Faktoren (Wind, Kälte, Feuchtigkeit, Hitze) sind eingedrungen
- Wei-Qi-Mangel
- Antibiotika (»sperren« Kälte im Thorax ein), der Pathogene Faktor wird eingeschlossen
- Anhaltende Trauer

Beispiele

- Bronchitis, Asthma, Emphysem
- COB
- Allergien
- Herz-Disharmonien

Therapie

Therapieprinzipien

- Lungen-Qi stärken
- Husten lindern
- Qi stärken (allgemein)

Punkte

- Bl 13, Lu 7, Lu 9, Di 11, Bl 20, Bl 23, Ma 36, MP 6, KG 6, KG 17

3.4.2 Lungen-Yin-Mangel

Symptome

- Gerötetes trockenes Maul/Rachen
- Kein Husten (evtl. trockener Husten, Kitzeln in der Kehle)
- Belastungsdyspnoe
- Heiserkeit
- Nachtschweiß (»räuberisches Schwitzen«)
- Nachmittägliches Fieber
- Mangel an Flüssigkeit

- Abmagerung
- Trockenes Maul
- *Zunge:* rot, ohne Belag
- *Puls:* fein, schnell, oberflächlich und in der Tiefe leer
- *Schleimhäute:* rot, trocken

Ätiologie

- Anhaltende Lungen-Qi-Leere
- Magen-Yin-Mangel, Nieren-Yin-Mangel
- Anhaltende Erschöpfungszustände
- Anhaltende fieberhafte Erkrankungen (Körpersäfte geschädigt)
- Äußere Pathogene Faktoren Trockenheit und Hitze
- Anhaltende Sorgen und Trauer

Pathologie

- Leere-Hitze (relativer Yang-Überschuss)
- Mangel an Körperflüssigkeiten

Beispiel

- Pferd mit interstitieller chronischer Bronchitis

Therapie

Therapieprinzipien

- Hitze kühlen
- Lunge befeuchten
- Lungen-Yin stärken
- Thorax öffnen
- Qi allgemein stärken

Punkte

- LG 14, Lu 5, Lu 7, Lu 9, Lu 10, Bl 13, KG 17, MP 6, Ma 36, KG 6, Ni 3, Ni 6, Di 4

3.4.3 Lungen-Qi-Mangel und Milz-Qi-Mangel

Symptome
- Feuchter Husten mit Schleim
- Leichte Atemnot
- Müdigkeit
- Spontanes Schwitzen (bei geringer Belastung)
- Rasselnde Atmung, Keuchen
- »Thoraxenge«
- Appetitlosigkeit
- Weicher Stuhlgang
- Dünner, klarer Schleim
- *Zunge:* evtl. geschwollen
- *Puls:* leer, gleitend
- *Schleimhäute:* blass bis gelblich

Beispiel
- Chronische Bronchitis, Bronchialasthma

Ätiologie
- Überforderung (physisch und/oder psychisch (siehe auch Lungen-Qi-Leere)
- Nicht artgerechte Ernährung

Pathologie
- Fülle-Syndrom mit zugrundeliegender Milz-Leere
- Qi- und Yang-Leere von Milz (und Niere, Kältesymptome)
- Schleim blockiert die Lunge (behindert absenkende Funktion)

Therapie

Therapieprinzipien
- Lungen- und Milz-Qi stärken, (Niere stärken)
- Husten lindern
- Schleim umwandeln

- Thorax öffnen
- Qi stärken (allgemein)

Punkte
- Lu 7, Lu 9, Bl 13, Bl 20, KG 22, Ma 36, Ma 40, MP 6, MP 10, Pc 6, KG 17, Ni 3

3.4.4 Lungen-Qi-Mangel und Nieren-Yang-Mangel

Symptome
- Kraftloser Husten
- Schwache Stimme
- Schnelle, oberflächliche Atmung
- Kurze, erschwerte Einatmung, Dyspnoe, Keuchen
- Thoraxenge, Asthma
- Ödeme
- Kalte Extremitäten
- Kühle Nase und Ohren
- Rückenschmerzen
- Erschöpfung
- Schwitzen tagsüber bei leichter Anstrengung
- Harninkontinenz, viel klarer Urin
- Sputum reichlich und wässrig, klar
- *Zunge/Maul:* blass, feucht
- *Puls:* tief, fein, kraftlos
- *Schleimhäute*: blass, feucht

Ätiologie
- Nieren-Qi-Leere/Nieren-Yang-Leere
- Lungen-Qi-Leere

Pathologie
- die Niere kann das Lungen-Qi nicht empfangen bzw. nicht halten
- die Niere kann Flüssigkeiten im Unteren Dreifachen Erwärmer nicht umwandeln/ausscheiden, Ödeme, Lungenfunktion beeinträchtigt

Therapie

Therapieprinzipien
- Nieren-Qi stärken
- Nieren-Yang wärmen
- Einatmung stärken
- Absenkende Funktion der Lunge fördern
- Moxa

Punkte
- Lu 7, Lu 9, Bl 23, Ni 3, Ni 7, Bl 13, LG 4 (Moxa), Ni 27, KG 22, KG 17

3.4.5 Lungen-Yin-Mangel und Nieren-Yin-Mangel

Symptome
- Trockenheit
- Quälender Husten
- Dyspnoe, Asthma
- Apathie
- Abmagerung
- Trockenes Haarkleid
- Zähes Sputum
- Schwitzen nachts (räuberisches Schwitzen)
- Hitzezeichen, Verschlechterung am späten Nachmittag
- Warme Extremitäten
- Wenig, stark riechender Urin
- Nachlassender Durst
- Zunge: rot, evtl. wenig gelblicher Belag
- *Puls:* oberflächlich und in der Tiefe fein, schnell
- *Schleimhäute:* rot und trocken

Ätiologie
- Anhaltende Lungen-Qi-Leere
- Anhaltende Nieren-Qi-Leere

- Erschöpfungszustände
- Überforderung
- Anhaltende fieberhafte Erkrankungen
- Sorge und Trauer
- Alter

Pathologie

- Leere-Hitze
- Mangel an Körperflüssigkeiten

Therapie

Therapieprinzipien

- Lunge und Niere stärken
- Lungen-Qi absenken
- Hitze kühlen

Punkte

- MP 4, MP 6, Ni 2, Ni 3, Ni 6, Ni 7, Ni 10, Lu 5, Lu 7, Bl 13, Bl 23, Di 4, KG 6

Praxistipp

Einatmung gestört

- Chronisch: Lungen-Qi und Lungen-Yang-Mangel
- Nieren-Yang-Mangel = Fülle oben (Lunge) und Leere unten (Niere)

Ausatmung gestört

- Lungenschwäche allgemein
- Nieren-Yin-Mangel
- Nässe-Schleim (Milz)

---

4 Diagnostische und therapeutische Punkte

4.1 Transponierte Punkte

Lu 1

Funktion: Alarmpunkt der Lunge, Kreuzungspunkt von Lu und MP
Lokalisation: im 1. ICR, medial des Tuber majus humeri, zwischen M. deltoideus und M. teres major
Wirkung: reguliert und fördert das Absteigen des Lungen-Qi, wandelt Schleim um

Lu 5

Funktion: Wasserpunkt
Lokalisation: bei leichter Ellenbogenbeuge auf der Ellenbogenfalte, lateral der Bicepssehne
Wirkung: senkt das Lungen-Qi, entfernt Schleim und Hitze aus der Lunge

Lu 7

Funktion: Passagepunkt, Öffnungspunkt des Ren Mai (KG)
Lokalisation: proximal und kaudomedial des Proc. styloideus radii auf dem Radius, in Höhe der unteren Kastanienkante
Wirkung: fördert das Absteigen und Verteilen des Lungen-Qi, öffnet das Ren Mai und die Wasserwege, befreit die Körperoberfläche von äußeren Pathogenen Faktoren, stärkt das Wei Qi (Abwehr-Qi), öffnet die Poren zum Schwitzen, Störungen im Meridianverlauf und der Psyche, gut bei Wind-Kälte-Symptomatik

Lu 9

Funktion: Erdpunkt, Quellpunkt, einflussreicher Punkt für die Blutgefäße
Lokalisation: bei gebeugtem Karpalgelenk distal des Proc. styloideus medialis radii, an der Karpalgelenkfalte
Wirkung: stärkt Lungen-Qi und Lungen-Yin, fördert Qi und Blutzirkulation, reguliert den Kreislauf und den Blutfluss (Innen-Leere-Muster), transformiert Schleim, vertreibt Wind

Lu 10

Funktion: Feuerpunkt
Lokalisation: medial am Röhrbein der Vordergliedmaße, etwa eine handbreit unterhalb des Karpalgelenks (distal und kaudal von Di 4)
Wirkung: beseitigt Lungen-Hitze, unterstützt den Rachen

Lu 11

Funktion: Holzpunkt, Tingpunkt
Lokalisation: medial am Kronsaum der Vordergliedmaße, kranial des medialen Hufballens
Wirkung: stimuliert Verteilung und Absteigen des Lungen-Qi, vertreibt äußere und innere Wind-Hitze, macht Augen, Nase, Ohren und Mund frei und unterstützt die Wiederbelebung, löst Leitbahnobstruktionen

Di 4

Funktion: Quellpunkt, Meisterpunkt für Gesicht, Augen und Maul
Lokalisation: hinter dem medialen Griffelbein auf der tiefen Beugesehne
Wirkung: vertreibt Wind und Hitze, öffnet die Körperoberfläche, stabilisiert Wei Qi (Abwehr-Qi)

Di 6

Funktion: Passagepunkt
Lokalisation: in einer Vertiefung kraniolateral zwischen den Sehnen des M. extensor carpi radialis und M. extensor digitalis communis, etwa auf Höhe von Lu 7
Wirkung: vertreibt Wind, befreit die Körperoberfläche, reguliert die Wasserwege

Di 11

Funktion: Erdpunkt
Lokalisation: am lateralen Ende der Ellenbogenbeugefalte
Wirkung: vertreibt Wind, äußere und innere Hitze, löst Nässe auf, kühlt Blut, stärkt Qi und Blut und das Wei Qi (Abwehr-Qi)

Di 20

Funktion: Kreuzungspunkt von Magen und Dickdarm
Lokalisation: in einer Vertiefung am seitlichen unteren Rand der Nüstern
Wirkung: vertreibt äußeren Wind und und Hitze, befreit die Nase

Ma 36

Funktion: Erdpunkt, hinterer einflussreicher Punkt für den Magen
Lokalisation: lateral an der Tuberositas tibiae, in einer Vertiefung am Ansatz des M. tibialis cranialis
Wirkung: unterstützt Magen und Milz, stärkt Qi und Blut und den gesamten Körper, stärkt das Nähr- und Abwehr-Qi, vertreibt Wind und Nässe

Ma 40

Funktion: Passagepunkt
Lokalisation: in der Mitte der Tibia auf den Muskelbäuchen des langen und des lateralen Zehenstreckers
Wirkung: bewegt Schleim, Nässe und Hitze, öffnet den Brustkorb

Ma 44

Funktion: Wasserpunkt
Lokalisation: kraniodistal des Fesselgelenks, an der Verbindungsstelle des M. interosseus und M. extensor digitalis longus
Wirkung: beseitigt Hitze, insbesondere im Magen, reguliert Qi

MP 3

Funktion: Erdpunkt, Quellpunkt
Lokalisation: in einer Vertiefung unterhalb des medialen Griffelbeinknöpfchens der Hinterhand
Wirkung: beseitigt Nässe, stärkt die Milz, löst Schleim zusammen mit Ma 40

MP 4

Funktion: Passagepunkt, Öffnungspunkt des Chong Mai (Durchdringungsgefäß)
Lokalisation: mediodistal des Griffelbeinköpfchens der Hinterhand, in einer Vertiefung vor der tiefen Beugesehne
Wirkung: unterstützt die Funktionen von Magen und Milz, stillt Blutungen, beseitigt Obstruktionen, reguliert Chong Mai (Durchdringungsgefäß)

MP 6

Funktion: Kreuzungspunkt der drei Yin-Meridiane der hinteren Extremität, Meisterpunkt des Abdomens
Lokalisation: medial am Hinterrand der Tibia, etwa handbreit über dem Sprunggelenk (gegenüber von Gb 39)
Wirkung: stärkt die Milz, Qi und Blut, tonisiert die Niere, beseitigt Nässe

MP 10

Lokalisation: proximal des oberen medialen Patellarandes, auf dem M. quadriceps femoris
Wirkung: stärkt Blut, vertreibt Nässe

He 7

Funktion: Erdpunkt, Quellpunkt
Lokalisation: kaudal auf dem Radius, proximal des Os pisiforme
Wirkung: beruhigt Herz und Geist, nährt Herzblut

Bl 12

Lokalisation: etwa eine handbreit lateral der dorsalen Mittellinie, in Höhe des höchsten Punkts des Widerrists
Wirkung: leitet Wind aus, öffnet die Oberfläche, stimuliert die Verteilungsfunktion der Lunge, reguliert das Abwehr-Qi

Bl 13
Funktion: Zustimmungspunkt der Lunge
Lokalisation: am kaudalen Ende des Schulterblattknorpels im 7. ICR
Wirkung: öffnet die Oberfläche, stimuliert die Verteilungsfunktion der Lunge, reguliert das Abwehr-Qi, vertreibt äußeren Wind

Bl 18
Funktion: Zustimmungspunkt der Leber
Lokalisation: Handbreit ventrolateral des Processus spinosus im 13. ICR
Wirkung: reguliert das Leber-Qi, beseitigt Wind, bewegt stagnierendes Qi und Blut, unterstützt die Augen

Bl 20
Funktion: Zustimmungspunkt der Milz
Lokalisation: auf dem M. longissimus dorsi auf Höhe des 1. ICR von hinten
Wirkung: stärkt die Milz, Qi und Blut, hält die Organe am Platz

Bl 23
Funktion: Zustimmungspunkt der Niere
Lokalisation: in gerader Linie von der letzten Rippe senkrecht nach oben auf dem M. longissimus dorsi
Wirkung: fördert die Nierenessenz

Ni 2
Funktion: Feuerpunkt
Lokalisation: kaudomedial des Os tarsale IV
Wirkung: beseitigt Leere-Hitze, kühlt Nieren-Hitze und das Blut

Ni 3
Funktion: Erdpunkt, Quellpunkt
Lokalisation: auf der Mitte der Verbindungslinie zwischen Malleolus medialis und der Achillessehne (gegenüber von Bl 60)
Wirkung: nährt die Niere, tonisiert die Essenz

Ni 6

Funktion: Öffnungspunkt des Yin Qiao Mai (Yin-Fersengefäß)
Lokalisation: in einer Vertiefung unterhalb des Malleolus medialis
Wirkung: stärkt das Nieren-Yin, nährt Körperflüssigkeiten, kühlt Blut und Hitze, beruhigt den Geist

Ni 7

Funktion: Metallpunkt
Lokalisation: handbreit dorsal von Ni 3 am kranialen Rand der Achillessehne
Wirkung: tonisiert das Nieren-Yang, reguliert Schwitzen, eliminiert Feuchtigkeit (Moxa)

Ni 10

Funktion: Wasserpunkt
Lokalisation: am medialen Ende der kaudalen Kniegelenksfalte, zwischen den Sehnen des M. semimembranosus und M. semitendinosus
Wirkung: beseitigt Nässe aus dem Unteren Dreifachen Erwärmer, stärkt die Niere

Ni 27

Lokalisation: im Winkel zwischen Manubrium sterni und der ersten Rippe
Wirkung: stimuliert die Funktion der Niere, das Lungen-Qi zu empfangen
Indikation: Bronchitis, Asthma bronchiale, Dämpfigkeit, stillt Husten

3E 5

Funktion: Passagepunkt, Öffner des Yang Wei Mai (Yang-Verbindungsgefäß)
Lokalisation: am unteren Viertel des lateralen Unterarmes, hinter dem Radiusrand, zwischen M. ext. digitalis lateralis und M. ext. digitalis communis (gegenüber von Pc 6)

Wirkung: beseitigt Leitbahnobstruktionen, vertreibt alle äußeren Pathogenen Faktoren, befreit die Oberfläche, unterstützt das Ohr, unterdrückt das Leber-Yang

Pc 6

Funktion: Passagepunkt, Öffner des Yin Wei Mai (Yin-Verbindungsgefäß)
Lokalisation: medial an der Vordergliedmaße, in der Mitte der Kastanie
Wirkung: beruhigt den Geist, bewegt Qi und Blut im Thorax, harmonisiert den Magen, bewegt Leber-Qi und reguliert den Kreislauf

Gb 20

Lokalisation: am vorderen Rand des Atlasflügels, in einer Vertiefung des M. trapezius
Wirkung: vertreibt äußeren und inneren Wind, beseitigt Wind-Hitze und Wind-Kälte, unterstützt die Augen und Ohren, unterdrückt Leber-Yang

Le 2

Funktion: Feuerpunkt
Lokalisation: medial an der Hintergliedmaße, direkt unter dem Fesselgelenk
Wirkung: harmonisiert Leber-Qi, reguliert und kühlt Blut und Hitze, senkt das Leber-Yang

Le 3

Funktion: Erdpunkt, Quellpunkt
Lokalisation: distal des Tarsalgelenks, kaudomedial am Metatarsus
Wirkung: leitet inneren und äußeren Wind aus, harmonisiert Leber-Qi, kühlt Blut und senkt das Leber-Yang

LG 4

Lokalisation: dorsal von Bl 23, zwischen dem Processus spinosus des 2. und 3. Lendenwirbels
Wirkung: tonisiert das Ursprungs-Qi und Nieren-Yang, vertreibt Kälte und wärmt Ming Men

LG 14

Funktion: Kreuzungspunkt von Dickdarm-, Magen-, Blasen- und Gallenblasenmeridian
Lokalisation: auf der dorsalen Mittellinie zwischen den Dornfortsätzen des letzten Hals- und ersten Brustwirbels
Wirkung: leitet Wind und Hitze aus, tonisiert das Yang, reguliert Nähr- und Abwehr-Qi

LG 20

Funktion: Kreuzungspunkt aller Yang-Meridiane und des Leber-Meridians
Lokalisation: in der Medianen, auf dem höchsten Punkt des Schädels
Wirkung: tonisiert Yang, beruhigt den Geist, stärkt die aufsteigende Funktion der Milz, leitet inneren Wind aus

KG 6

Lokalisation: in der ventralen Mittellinie, etwa 1,5 cm kaudal des Nabels
Wirkung: stärkt das Ursprungs-Qi, stärkt Qi und Yang, reguliert das Qi, beseitigt Nässe

KG 9

Lokalisation: in der ventralen Mittellinie, etwa 1 cm proximal des Nabels
Wirkung: fördert die Umwandlung der Flüssigkeiten, kontrolliert die Wasserwege

KG 12

Funktion: Alarmpunkt des Magens
Lokalisation: in der ventralen Mittellinie auf halber Strecke zwischen Processus xiphoideus und Nabel

Wirkung: stärkt das Qi des Magens und beseitigt Nässe durch Stärkung der Milz

KG 17

Funktion: Alarmpunkt des Pericards und Oberen Erwärmers, Meisterpunkt für die Atmung und den gesamten Thorax, einflussreicher Punkt des Qi
Lokalisation: in der ventralen Mittellinie, in einer Vertiefung etwa auf Höhe der Ellenbogen
Wirkung: reguliert und tonisiert das Qi des Brustkorbs (Zong Qi) und steht so in Verbindung mit Herz und Lunge; befreit die Lunge und löst Schleim

KG 22

Lokalisation: am Manubrium sterni
Wirkung: fördert das Absteigen des Lungen-Qi, beseitigt Schleim und Hitze, unterstützt die Kehle, bewirkt tiefe Einatmung

4.2 Traditionelle Punkte

Fei Shu (Lunge Zustimmungspunkt)

Lokalisation: im 10. ICR von hinten auf einer gedachten Linie zwischen Buggelenk und Tuber ischiadicum
Wirkung: eliminiert Lungen-Hitze, eliminiert Kälte

Fei Pan (Lunge aufwärts)

Lokalisation: am Übergang vom oberen zum mittleren Drittel des kaudalen Scapularands
Wirkung: eliminiert Lungen-Hitze

Fei Men (Lunge Tor)

Lokalisation: am Übergang vom oberen zum mittleren Drittel des kranialen Scapularands
Wirkung: bewegt Lungen-Qi, löst Blockaden im Lungenmeridian

Jing Mai (Hals Gefäß)

Lokalisation: im oberen Drittel der Vena jugularis
Wirkung: eliminiert Hitze, leitet Lungen-Hitze aus

Bojian (Schulter Spitze)

Lokalisation: am kranialen Scapularand, am Übergang vom Knochen zum Knorpel
Wirkung: bewegt Lungen-Qi, löst Stauungen in den Meridianen

Gongzi (Bogen Spitze)

Lokalisation: kaudal der Spina scapulae, etwa zehn Zentimeter unterhalb des höchsten Punktes des Schulterblattknorpels
Wirkung: bewegt Lungen-Qi, löst Stauungen in den Meridianen, löst lokale Stauungen

Bolan (Schulter Zaun)

Lokalisation: am kaudalen Scapularand, am Übergang vom Knorpel zum Knochen
Wirkung: bewegt Lungen-Qi, löst Stauungen in den Meridianen

4.3 Punkte mit spezieller Wirkung

Lösen Schleim

- Ma 40
- KG 22 (senkt das Lungen-Qi ab, löst zusammen mit Ma 40 Schleim)
- MP 9 bewegt Feuchtigkeit
- KG 9

Bei Allergie

- Bl 17
- MP 10
- Di 4
- Bl 40
- 3E 5

Erleichtern die Atmung

- Ni 27
- KG 17

5 Fallbeispiele

Fall 1

Sabine Gosch

Vorbericht

Warmblutstute, 9 Jahre, mit chronisch obstruktiver Bronchitis. Seit zwei Jahren immer wieder Husten, zunehmende Verschlechterung, Leistungsminderung, bekannte Heustauballergie.
Auskultation: rechts leicht verschärftes Atemgeräusch, links hiemend, giemende Atemgeräusche, Herz sehr leise, fast nicht hörbar.

Untersuchung nach TCVM

Diagnose durch Augenschein

Das Pferd ist sehr schmal, sieht älter aus als es ist und hat schon einige graue Haare im Gesicht. Mähnen- und Schweifhaar sind dünn. Es macht einen müden Eindruck, das Fell ist stumpf. Die Stute hat wenig wässrigen Nasenausfluss. Die Schleimhäute sind blass mit einem leicht bläulichen Schimmer.

Befragung der Patientenbesitzer

Die Stute ist in Besitz, seit sie 4 Jahre alt ist, über die Aufzucht ist nichts bekannt. Im Umgang ist sie problemlos, sowohl dem Menschen gegenüber als auch in der Herde. Sie ist ängstlich, stürmt oft panisch davon, insbesondere wenn die »Ursache« nur zu hören, aber nicht zu sehen ist. Allgemein ist sie sehr geräuschempfindlich. Seit zwei Jahren ist keine auffällige Rosse mehr aufgetreten. Die Stute lernt schnell und arbeitet gern, wurde im Springsport geritten bis Klasse L. Seit einem Jahr ist sie aufgrund ihrer Leistungsschwäche keine Turniere mehr gegangen. Sie mag es warm, steht gern in der Sonne, auch wenn es heiß ist. Der Husten ist das erste Mal im Herbst aufgetreten und verschlimmert sich im Winter.

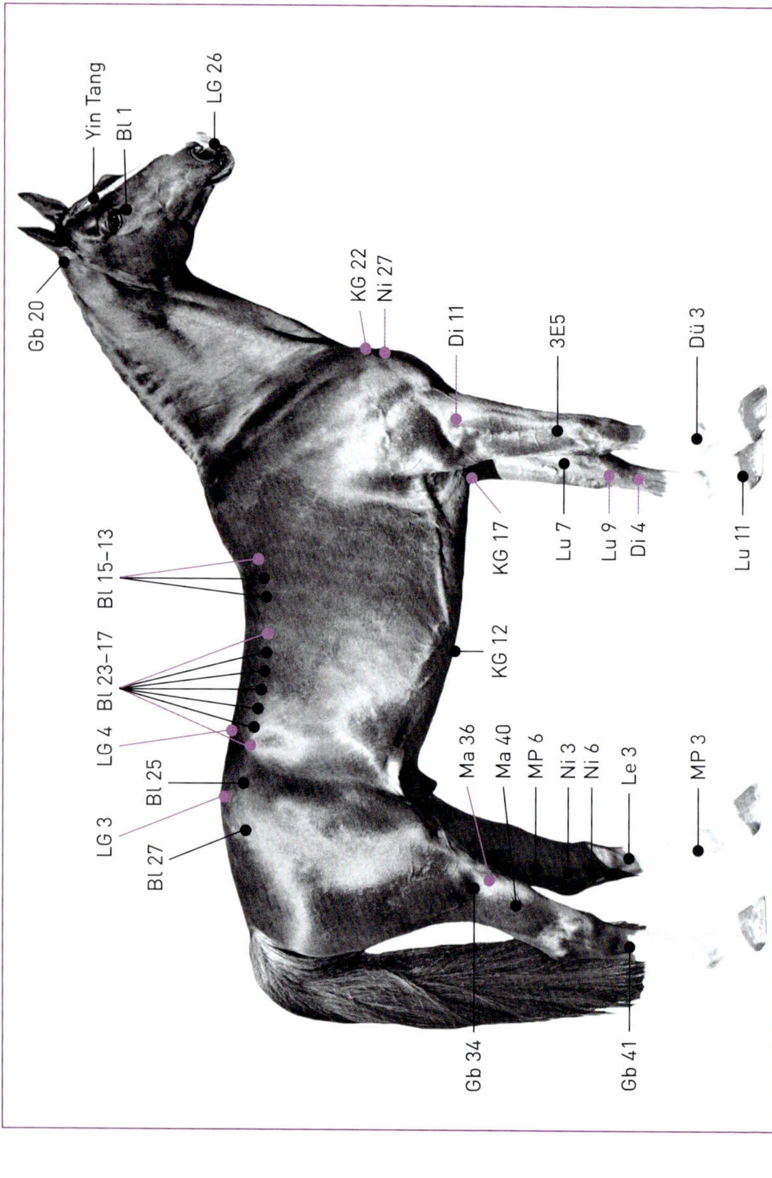

Gb 20
Yin Tang
Bl 1
LG 26
KG 22
Ni 27
Di 11
3E5
Dü 3
KG 17
Lu 7
Lu 9
Di 4
Lu 11
Bl 15–13
Bl 23–17
KG 12
LG 4
Bl 25
LG 3
Bl 27
Ma 36
Ma 40
MP 6
Ni 3
Ni 6
Le 3
MP 3
Gb 34
Gb 41

Betastung

Die Stute reagiert gelassen bis desinteressiert auf die körperliche Kontaktaufnahme, sie fühlt sich eher kühl an, besonders an den Gliedmaßen. Sie lässt die Untersuchung ruhig und willig über sich ergehen.

- Shu-Punkte: Bl 23 (Niere)
- Puls: schwach, tief und langsam

Welche Funktionskreise sind betroffen?

Lunge und Niere

Warum?

Angst ist die dem Funktionskreis Niere zugeordnete Emotion. Die Tiere sind in der Herde meist rangniedrig, wehren sich nie. Sie machen einen schwächlichen Eindruck. Schweif- und Mähnenhaar sind oft dünn (Mähne und Schweif sind dem Funktionskreis Niere zugeordnet, die Körperbehaarung der Lunge). Ein weiterer Hinweis auf einen geschwächten Funktionskreis Niere wäre z.B. nachlassendes Hörvermögen und/oder Zahnprobleme. Die Niere ist besonders empfindlich gegen Kälte, deshalb frieren diese Tiere leicht und die Probleme nehmen im Winter zu. Weiterhin ist die Sexualität diesem Funktionskreis zugeordnet. Deshalb kommt es bei einem gestörten Funktionskreis Niere häufig zu Zyklusstörungen.

Diagnose nach TCVM

Lungen-Qi- und Nieren-Yang-Mangel

Warum?

Bei einem Lungen-Qi-Mangel sind die Tiere leistungsschwach, Belastung verschlechtert, es besteht Husten und die Pferde sind müde. Das Sputum ist wässrig, die Tiere sind empfindlich gegen Kälte, die Schleimhäute sind blass.

Ein Nieren-Yang-Mangel äußert sich in einer Abneigung gegen Kälte, die Tiere frieren leicht und die Gliedmaßen sind kalt. Oft sind die Tiere gleichgültig bis apathisch. Der Puls ist schwach und tief, die Zunge blass.

Welche Differenzialdiagnosen kommen in Frage?

Lungen-Qi-und Nieren-Yin-Mangel – bei einem Yin-Mangel besteht Hitzesymptomatik, die Schleimhäute sind eher rot und der Puls ist schnell.
Lungen-Qi-und Nieren-Qi-Leere – bei einer Nieren-Qi-Leere wäre die Kältesymptomatik weniger stark ausgeprägt.

Therapie

Therapieprinzip

Funktionskreis Lunge und Niere stärken, Wärme zuführen

Punktauswahl

- **Ni 3** – zur Stärkung der Niere
- **Bl 23** – er stärkt ebenfalls die Niere
- **LG 4** – zur Tonisierung des Yang, er vertreibt Kälte und erreicht das Ursprungs-Qi
- **Bl 17** – zur Beeinflussung der Allergiesymptomatik, Meisterpunkt des Blutes, er reguliert und bewegt Blut
- **KG 17** – zur Erleichterung der Atmung, er reguliert und tonisiert das Qi des Brustkorbs und befreit die Lunge
- **Bl 13** – Zustimmungspunkt der Lunge, er öffnet die Oberfläche und stimuliert die Verteilungsfunktion der Lunge, außerdem reguliert er das Abwehr-Qi (Wei Qi)
- **LG 3** – tonisiert das Yang, er stärkt den Rücken und die Hinterextremität
- **KG 22** – zum Lösen von Schleim, er fördert das Absteigen des Lungen-Qi und bewirkt eine tiefere Einatmung

- **Ni 27** – er erleichtert die Atmung und stimuliert die Funktion der Niere, das Lungen-Qi zu empfangen
- **Di 11** – zur Stärkung der Abwehr, er stärkt Qi und Blut
- **Lu 9** – er transformiert Schleim, stärkt Lungen-Qi und Lungen-Yin, wirkungsvoller Punkt zur Behandlung chronischer Lungenerkrankungen
- **Ma 36** – allgemein roborierender Punkt, er unterstützt Magen und Milz, stärkt Qi und Blut und den gesamten Körper, stärkt das Nähr- und Abwehr-Qi
- **Di 4** – zur Stabilisierung des Abwehr-Qi

Erläuterungen

- Die Punkte wurden nicht gleichzeitig behandelt. Je nach Symptomatik wurde eine Auswahl der Punkte genommen.
- Anfangs wurden eher schleimlösende und den Funktionskreis Niere stärkende Punkte gewählt, später zielte die Behandlung darauf ab, die Abwehr für die Zukunft zu stabilisieren. Bl 23, LG 4 wurden mit Moxibustion behandelt. Hierfür kämen in diesem Fall auch LG 3 und Ma 36 in Frage.
- Bl 13, der Zustimmungspunkt der Lunge, wurde bei der 2. und 3. Behandlung genadelt, weil er bei der Untersuchung druckdolent war. Bei chronischen Lungenerkrankungen ist es nicht ungewöhnlich, dass die »Lungenpunkte« erst im Laufe der Therapie druckdolent werden. Das ist ein Zeichen dafür, dass die Krankheit an die Oberfläche tritt.

Verlauf

Die ersten drei Behandlungen wurden im Abstand von 10 Tagen, die letzte Behandlung nach von 14 Tagen durchgeführt. Bei der vierten Behandlung war die Stute klinisch unauffällig, die Auskultation der Lunge o. b. B.

Bei der Stute war der Funktionskreis Niere geschwächt. Ziel der Therapie war es, diesen Funktionskreis zu stärken und dadurch die Lungenfunktion wieder zu normalisieren. Dass dieses Ziel erreicht wurde, zeigte sich nicht nur durch die Verbesserung der Symptome, sondern auch durch die wieder eintretende Rosse.

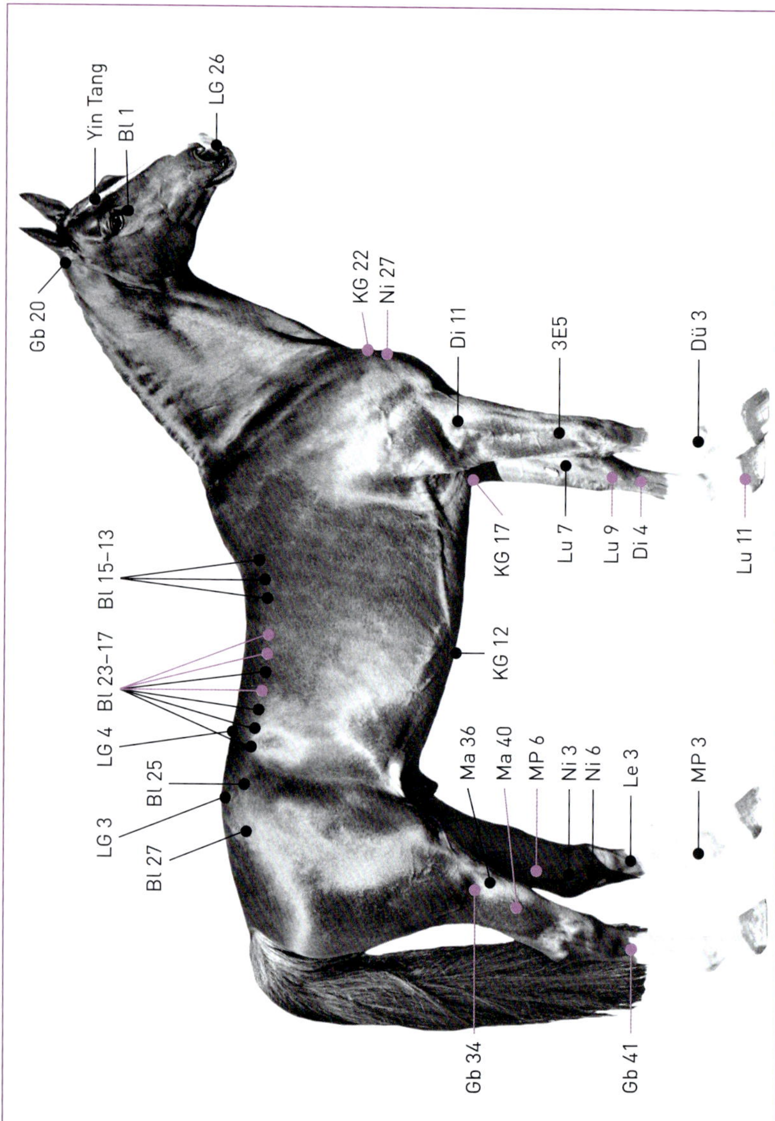
Yin Tang
Bl 1
LG 26
Gb 20
KG 22
Ni 27
Di 11
3E5
Dü 3
KG 17
Lu 7
Lu 9
Di 4
Lu 11
Bl 15–13
Bl 23–17
LG 4
Bl 25
LG 3
Bl 27
KG 12
Ma 36
Ma 40
MP 6
Ni 3
Ni 6
Le 3
MP 3
Gb 34
Gb 41

Fall 2

Sabine Gosch

Vorbericht

Warmblutwallach, 27 Jahre, seit 15 Jahren rezidivierende Bronchitiden, die gut auf schulmedizinische Behandlung ansprachen. In den letzten Wochen hat sich der Husten verstärkt, die schulmedizinische Behandlung brachte keine Besserung mehr, eine Lungenspülung wurde aufgrund des Alters abgelehnt. Die Atemfrequenz war erhöht, der Wallach zeigte eine deutliche Flankenatmung.

Untersuchung nach TCVM

Diagnose durch Augenschein

Der Wallach ist für sein Alter in einem guten Ernährungszustand, er ist aufmerksam und trotz der Atembeschwerden munter. Aus den Nüstern fließt wenig wässriges Sekret. Das Hufhorn ist fest, die Schleimhäute sind blass rosarot. Die Zunge erscheint geschwollen, es sind Zahneindrücke zu sehen.

Befragung der Patientenbesitzer

Der Wallach ist seit 22 Jahren im Besitz. Er wurde sehr gefordert und im Springen und zur Jagd eingesetzt. In der Herde verhält er sich unauffällig, wehrt sich aber, wenn er angegriffen wird. Neuen Pferden gegenüber ist er anfangs oft ziemlich feindselig, wenn die Rangordnung jedoch geklärt ist, gibt es keine Probleme mehr. Menschen gegenüber verhält er sich freundlich. Er hat immer schnell gelernt und gern gearbeitet. Eine auffällige Abneigung gegen Kälte oder Hitze ist nicht zu erkennen, allerdings mag er keinen Regen. Sein Appetit ist gut. Wenn der Wallach auf dem Rückweg von der Weide, die das letzte Wegstück bergauf führt, galoppiert oder trabt, bekommt er oft regelrechte Hustenanfälle und »pumpt wie ein Maikäfer«. Derzeit bekommt er keine Medikamente, sie wurden abgesetzt als keine Besserung eintrat.

Betastung

Auf die körperliche Kontaktaufnahme reagiert er freundlich und neugierig, es sind keine auffälligen Temperaturunterschiede festzustellen.

- Schmerzpunkte: Bl 17
- Shu-Punkte: Bl 20 (Milz)
- Puls: kraftlos und tief

Welche Funktionskreise sind betroffen?

Lunge und Milz

Warum?

Hier liegen nur wenig Hinweise vor, der Zustimmungspunkt der Milz, Bl 20, erscheint »eingedellt, d. h. er ist »leer« und der Wallach mag keinen Regen. Auch hohe Leistungsanforderungen oder häufiger Stallwechsel können den Funktionskreis Milz schwächen. Ein weiterer Hinweis wäre eine Verschlechterung bei feuchtem Wetter, bzw. Nebel.

Diagnose nach TCVM

Lungen-Qi- und Milz-Qi-Mangel

Warum?

Bei einem Lungen-Qi-Mangel besteht Husten, die Tiere sind leistungsschwach und müde, Belastung verschlechtert. Das Sputum ist wässrig, die Schleimhäute sind blass.

Ein Milz-Qi-Mangel äußert sich in allgemeiner Schwäche, tiefem, kraftlosen Puls und geschwollen erscheinender Zunge mit Zahneindrücken. Oft kann auch eine hängende Unterlippe beobachtet werden.

Welche Differenzialdiagnosen kommen in Frage?

Schleim-Nässe in der Lunge; in diesem Fall wäre aber reichlich weißliches Sputum vorhanden und der Puls wäre oberflächlich.

Therapie

Therapieprinzip

Lungen- und Milz-Qi stärken, Schleim lösen

Punktauswahl

- **Bl 17** – Meisterpunkt des Blutes, reguliert und bewegt Blut, hat eine gute Wirkung bei allergisch bedingten Erkrankungen
- **Bl 20** – Zustimmungspunkt der Milz, stärkt die Milz, beseitigt Nässe, stärkt Qi und Blut
- **Lu 11** – stimuliert Verteilung und Absteigen des Lungen-Qi, vertreibt äußere und innere Wind-Hitze
- **Ni 27** – er erleichtert die Einatmung und stimuliert die Funktion der Niere, das Lungen-Qi zu empfangen
- **Ma 40** – wirkt schleimlösend, bewegt außer Schleim auch Nässe und Hitze und öffnet den Brustkorb
- **KG 17** – er erleichtert die Atmung, reguliert und tonisiert das Qi des Brustkorbs, befreit die Lunge
- **KG 22** – wirkt schleimlösend, erleichtert die Atmung und fördert das Absteigen des Lungen-Qi
- **Lu 9** – stärkt Lungen-Qi und Lungen-Yin, fördert Qi und Blutzirkulation, transformiert Schleim und vertreibt Wind
- **Gb 41** – öffnet das Gürtelgefäß und harmonisiert den Leber-Qi-Fluss
- **Bl 18** – reguliert das Leber-Qi, bewegt stagnierendes Qi und Blut, unterstützt die Augen und beseitigt Wind
- **Gb 34** – harmonisiert das Leber-Qi und eliminiert Feuchtigkeit, Wind und Hitze
- **MP 6** – stärkt die Milz und beseitigt Nässe, außerdem tonisiert er die Niere und stärkt Qi und Blut
- **Di 4** – stabilisiert das Abwehr-Qi und vertreibt Wind und Hitze

Erläuterungen

Die Punkte wurden nicht gleichzeitig behandelt. Je nach Symptomatik wurde eine Auswahl der Punkte genommen.

Verlauf

Nach den ersten beiden Behandlungen hatte der Husten nachgelassen und die Atemfrequenz abgenommen.

Am Tag der dritten Behandlung war morgens eine Bronchoskopie durchgeführt worden, bei der reichlich eitriger Schleim in den Atemwegen festgestellt wurde. Es wurde Bl 18 behandelt, weil die gelbe Farbe des Schleims auf eine Störung im Funktionskreis Leber schließen ließ. (weißer Schleim – Milz, wässriger Ausfluss – Niere). Die Flankenatmung war an diesem Tag wieder verstärkt, die Atemfrequenz gegenüber der vorigen Behandlung jedoch gleich geblieben. An diesem Tag war Bl 13 war extrem druckdolent, Gb 26 und Bl 17 waren ebenfalls druckdolent. Möglicherweise wurde die Druckdolenz dieser Punkte durch die Bronchoskopie ausgelöst, was für die Behandlung jedoch keinen Unterschied machte.

Bei der vierten Behandlung hatte sich der Zustand weiter leicht verbessert, es hatte sich gelblicher Schleim gelöst. Drei Tage zuvor hatte sich der Wallach auf der Koppel einen Sehnenschaden vorne rechts zugezogen.

Insgesamt wurden fünf Akupunkturbehandlungen durchgeführt, die ersten drei jeweils im Abstand von einer Woche, die beiden letzten in zweiwöchigem Abstand. Bei den letzten beiden Behandlungen waren keine druckdolenten Punkte mehr vorhanden, was für eine erfolgreiche Therapie der Lungenerkrankung spricht. Bei diesen Behandlungen konzentrierte sich die Therapie hauptsächlich darauf, den Funktionskreis Leber zu harmonisieren, da sowohl die gelbe Farbe des Schleims als auch der Sehnenschaden auf eine Störung in diesem Funktionskreis hinwiesen. Bei der fünften und letzten Behandlung war die Atemfrequenz nur noch leicht erhöht und der Wallach hustete nicht mehr.

Zur Therapie der Atemwegsbeschwerden wären vier Behandlungen ausreichend gewesen. Die letzte Behandlung wurde hauptsächlich wegen des Sehnenschadens durchgeführt, der gut abheilte. Was die COB anbetrifft, war der Wallach nach der Akupunktur fast beschwerdefrei, auch der auskultatorische Befund hatte sich erheblich verbessert.

Aufgrund der langen Vorgeschichte und des fortgeschrittenen Alters des Patienten, war mit einer langwierigeren Behandlung zu rechnen. Außerdem musste man mit einer Verbesserung zufrieden sein und konnte keine Symptomfreiheit erwarten. An diesem Fall kann sehr gut gezeigt werden, dass auch sehr lange andauernde chronische Erkrankungen noch erfolgreich behandelt werden können. Bei alten Tieren ist es fast immer ratsam, bei der Behandlung auch den Funktionskreis Niere zu stärken, da dessen Energie mit zunehmendem Alter physiologischerweise abnimmt. Dieser Wallach war die Ausnahme von der Regel.

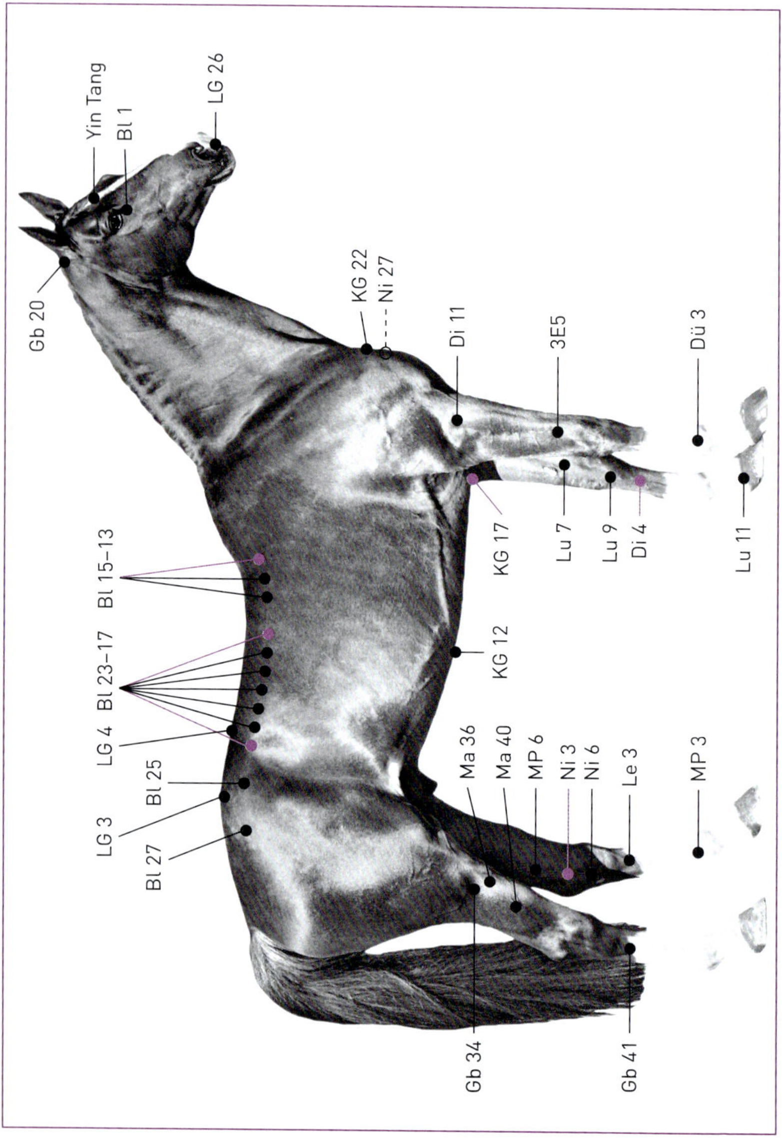
Yin Tang
Bl 1
LG 26
Gb 20
KG 22
Ni 27
Di 11
3E5
Dü 3
KG 17
Lu 7
Lu 9
Di 4
Lu 11
Bl 15–13
Bl 23–17
LG 4
Bl 25
LG 3
Bl 27
KG 12
Ma 36
Ma 40
MP 6
Ni 3
Ni 6
Le 3
MP 3
Gb 34
Gb 41

Fall 3

Sabine Gosch

Vorbericht

Quarter-Horse-Stute, 7 Jahre, hat seit zwei Jahren regelrechte »Asthmaanfälle«, die mit akuter Atemnot einhergehen und sich seither stetig verschlimmern.

Untersuchung nach TCVM

Diagnose durch Augenschein

Die Stute ist für ein Quarter-Horse sehr zart gebaut. Mähnen- und Schweifhaar sind dünn. In den Nüstern befindet sich wenig wässriges Sekret. Die Schleimhäute sind rötlich. Zum Zeitpunkt der Untersuchung ist die Atmung ohne besonderen Befund.

Befragung der Patientenbesitzer

Die Stute ist seit elf Jahren in Besitz. Sie war immer ranghoch, ist aber in der Rangordnung nach unten gewandert, seit sie krank ist. Seitdem ist sie auch schreckhafter geworden. Die Rosse ist eher unauffällig. Im Umgang ist sie problemlos. Sie hat immer fleißig mitgearbeitet und schnell gelernt. Die Anfälle von Atemnot haben vor zwei Jahren im Sommer ganz plötzlich ohne erkennbare Ursache begonnen und sich seither im Sommer stetig verschlimmert. Im Winter geht es ihr besser, da ist sie zwar manchmal etwas kurzatmig, aber die »Asthmaanfälle« mit akuter Atemnot treten nur im Sommer auf. Sie steht dann am Koppeleingang und möchte in den Stall, dort bessern sich die Beschwerden schlagartig. Anfangs hat sie Cortison bekommen, inzwischen wird sie nur noch in den Stall geholt, wodurch die Atemnot nachlässt, d.h. bei Sonneneinstrahlung und Wärme verschlimmert sich die Symptomatik.

Betastung

Auf körperliche Kontaktaufnahme reagiert die Stute aufmerksam, aber zurückhaltend. Die Körperoberfläche ist überall warm, es sind keine auffälligen Temperaturunterschiede festzustellen.

- Schmerzpunkte: Bl 17
- Shu-Punkte: Bl 23 (Niere)
- Puls: oberflächlich, schnell und schwach

Welche Funktionskreise sind betroffen?

Lunge und Niere

Warum?

Der Zustimmungspunkt der Niere ist »leer«, Mähnen- und Schweifhaar sind dünn. Auch der Abstieg in der Rangordnung und die seit Beginn der Erkrankung beobachtete Schreckhaftigkeit weisen auf eine Schwäche in diesem Funktionskreis hin. Die Verschlimmerung im Sommer könnte darauf hindeuten, dass die Niere ihre Funktion zu kühlen, nicht mehr erfüllen kann.

Diagnose nach TCVM

Lungen-Yin- und Nieren-Yin-Mangel

Warum?

Der Lungen-Yin-Mangel ist gekennzeichnet durch trockenen Husten und Leistungsabfall. Der Puls ist oberflächlich und schnell, die Schleimhäute rot und eher trocken.
Ein Nieren-Yin-Mangel äußert sich u. a. in Ängstlichkeit und Unruhe. Das Maul ist eher trocken, die Zunge rot. Der Puls ist schnell, schwach und tief.

Welche Differenzialdiagnosen kommen in Frage?

Unfähigkeit der Niere, das Qi zu empfangen, hier wären die Schleimhäute eher blass, die Extremitäten kalt und der Puls tief.

Therapie

Therapieprinzip

Funktionskreis Lunge und Niere stärken

Punktauswahl

- **Bl 13** – der Zustimmungspunkt der Lunge stimuliert die Verteilungsfunktion der Lunge und vertreibt äußeren Wind
- **Bl 17** – der Meisterpunkt des Blutes, er reguliert und bewegt Blut und dämpft allergisch bedingte Symptome
- **Bl 23** – stärkt die Niere, indem er die Nierenessenz fördert
- **KG 17** – zur Erleichterung der Atmung, er reguliert und tonisiert das Qi des Brustkorbs und befreit die Lunge
- **Di 4** – zur Stabilisierung des Abwehr-Qi, er vertreibt Wind und Hitze, öffnet die Körperoberfläche und verbessert die Allergiesymptomatik
- **Ni 3** – nährt die Niere und tonisiert Essenz, reguliert die Rosse

Erläuterungen

In diesem Fall wurde die Punktkombination beibehalten, da die erste Behandlung so gut angeschlagen hatte.

Verlauf

Es wurden insgesamt drei Behandlungen im Abstand von einer bzw. zwei Wochen durchgeführt. Nach der ersten Behandlung ging es dem Pferd drei Tage schlecht, danach verschwanden die Beschwerden und sind seither nicht wieder aufgetreten (Beobachtungszeit sieben Jahre).

Dieser Fall zeigt, dass es auch bei starker Symptomatik möglich ist, mit wenigen Behandlungen eine dauernde Beschwerdefreiheit zu erreichen. Insbesondere bei allergisch bedingten Symptomen kann regulierend eingegriffen werden.

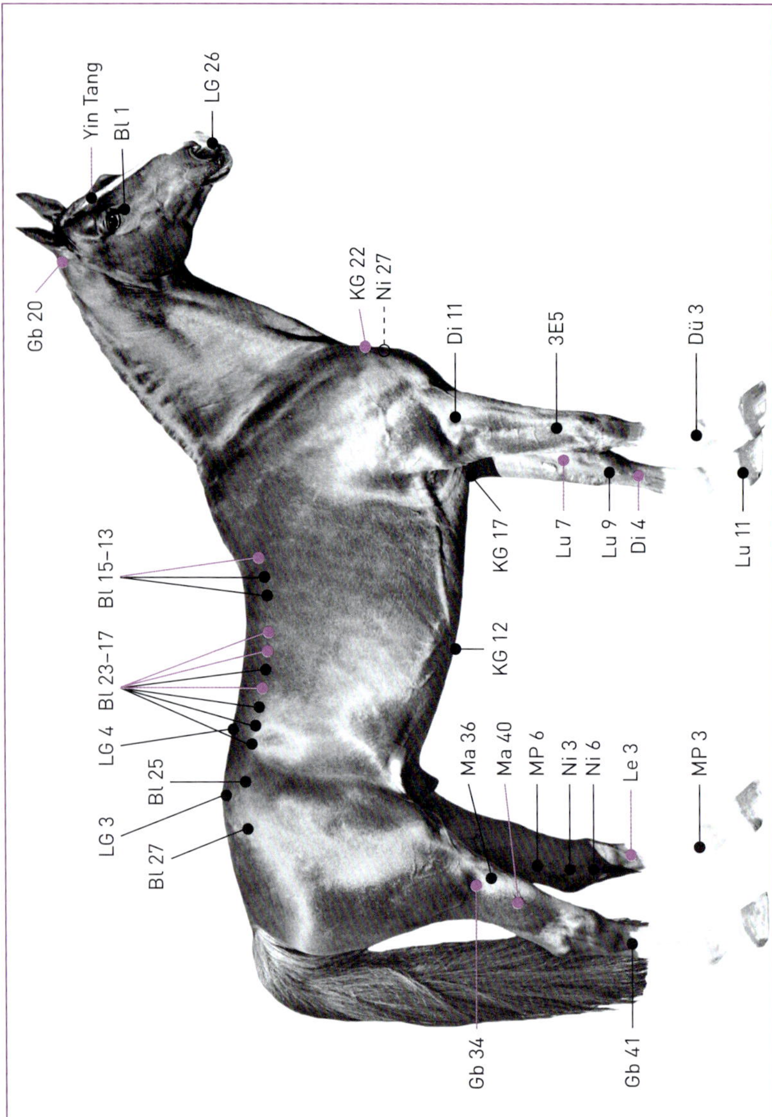
Yin Tang
Bl 1
LG 26
Gb 20
KG 22
Ni 27
Di 11
3E5
Dü 3
Bl 15–13
Bl 23–17
LG 4
Bl 25
LG 3
Bl 27
KG 17
Lu 7
Lu 9
Di 4
Lu 11
KG 12
Ma 36
Ma 40
MP 6
Ni 3
Ni 6
Le 3
MP 3
Gb 34
Gb 41

Fall 4

Sabine Gosch

Vorbericht

Wallach, 6 Jahre, seit ca. 2 Jahren Husten, zwei Lungenspülungen ohne Erfolg.

Untersuchung nach TCVM

Diagnose durch Augenschein

Der Ernährungszustand ist gut, der Wallach macht einen wachen Eindruck, ist sehr aufmerksam und neugierig. Es ist wenig wässriger, leicht weißlicher Nasenausfluss vorhanden, die Schleimhäute sind rötlich. Das Hufhorn ist ziemlich brüchig.

Befragung der Patientenbesitzer

Das Pferd ist seit zwei Jahren im Besitz, über die Aufzucht und die Haltung davor ist nichts bekannt. Der Wallach hatte vor einem Jahr eine Intoxikation unbekannter Ursache mit sehr schlechten Leberwerten, diese liegen zum Zeitpunkt der Vorstellung im oberen Normbereich. Der Husten war vorher schon vorhanden, hat sich aber nach der Intoxikation dramatisch verschlechtert. Im Stall hustet das Pferd häufiger, an der frischen Luft ist es besser. Derzeit werden keine Medikamente verabreicht.

Der Wallach ist in der Herde eher ranghoch, aber gut verträglich mit anderen Pferden und im Umgang mit dem Menschen problemlos. Er ist sehr arbeitswillig, lernt gern und schnell, ermüdet aber rasch. Wenn er nicht genug beschäftigt wird, wird er unleidlich. Er möchte die Art der Arbeit vorgeben und reagiert ausgesprochen sauer, wenn es nicht nach seinem Willen geht, insbesondere, wenn er sich nicht genug gefordert fühlt. Bei der Arbeit kommt er leicht ins Schwitzen. Fressen und schlafen sind seine Leidenschaft, besonders sein Mittagsschläfchen ist ihm wichtig, dazu legt er sich auch immer hin, egal, wie viel Trubel um ihn herum ist. Besonders wenn er im Gelände unterwegs ist, stolpert er viel und ist auch schon öfter dabei hingefallen.

Betastung

Auf die körperliche Kontaktaufnahme reagiert er freundlich, die Körperoberfläche ist überall warm.

- Schmerzpunkte: Bl 17
- Shu-Punkte: Bl 13 (Lunge), Bl 18 (Leber), Bl 20 (Milz)
- Puls: kräftig und oberflächlich

Welche Funktionskreise sind betroffen?

Lunge und Leber

Warum?

In diesem Fall weisen sowohl die Vorgeschichte mit der Intoxikation und den erhöhten Leberwerten als auch die Druckdolenz des Zustimmungspunktes Bl 18 auf den Funktionskreis Leber hin. Weitere Indizien dafür sind das schlechte Hufhorn und die »saure«, ärgerliche (Leber-) Reaktion, wenn es bei der Arbeit nicht nach seinem Willen geht.
Ebenfalls Hinweise für eine Störung im Funktionskreis Leber wären z. B. wiederkehrende Augenprobleme, Empfindlichkeit gegen Wind oder Muskelverspannungen.

Diagnose nach TCVM

Lungen-Qi-Mangel und Leber-Qi-Stagnation

Warum?

Ein Lungen-Qi-Mangel äußert sich u. a. in Husten und Müdigkeit. Das Sputum ist wässrig.

Bei einer Leber-Qi Stagnation sind die Pferde oft launisch, gehen schnell »in die Luft«, wenn ihnen etwas nicht passt, der Puls ist kraftig, die Schleimhäute normal bis rötlich.

Welche Differenzialdiagnosen kommen in Frage?

Lungen-Qi- und Milz-Qi-Mangel – der hervorragende Appetit und das relativ große Schlafbedürfnis lassen auch eine Störung im Funktionskreis Milz in Betracht ziehen, in diesem Fall überwiegt die Lebersymptomatik jedoch eindeutig.

Therapie

Therapieprinzip

Lungen-Qi stärken, Leber-Stagnation auflösen

Punktauswahl

- **Bl 13** – der Zustimmungspunkt der Lunge stimuliert die Verteilungsfunktion der Lunge und reguliert das Abwehr-Qi
- **Bl 18** – der Zustimmungspunkt der Leber reguliert das Leber-Qi und bewegt stagnierendes Qi und Blut
- **Lu 7** – fördert das Absteigen und Verteilen des Lungen-Qi und stärkt das Abwehr-Qi. Außerdem öffnet er das Konzeptionsgefäß
- **Bl 17** – hat eine gute Wirkung bei allergisch bedingten Symptomen, er ist der Meisterpunkt des Blutes und reguliert und bewegt Blut
- **Gb 20** – Windpunkt, vertreibt äußeren und inneren Wind und unterdrückt Leber-Yang
- **Di 4** – stabilisiert das Abwehr-Qi, vertreibt Wind und Hitze und öffnet die Körperoberfläche
- **KG 22** – hat schleimlösende Wirkung und fördert das Absteigen des Lungen-Qi
- **Gb 34** – zur Harmonisierung des Leber-Qi, er eliminiert Feuchtigkeit, Wind und Hitze

- **Le 3** – harmonisiert Leber-Qi und leitet inneren und äußeren Wind aus, außerdem senkt er das Leber-Yang ab
- **Ma 40** – ist ein wirkungsvoller Punkt zum Lösen von Schleim, außerdem öffnet er den Brustkorb
- **Yin Tang** – er beseitigt Wind und beruhigt den Geist
- **Bl 20** – zur Stärkung des Funktionskreises Milz, er beseitigt Nässe und stärkt Qi und Blut

Erläuterungen

Die Punkte wurden nicht gleichzeitig behandelt. Je nach Symptomatik wurde eine Auswahl der Punkte genommen.

Verlauf

Insgesamt wurden vier Akupunkturbehandlungen durchgeführt. Bei der zweiten Behandlung nach einer Woche hatte der Husten nachgelassen. Die dritte Behandlung erfolgte nach 12, die vierte Behandlung nach 14 Tagen. Beim letzten Besuch waren keine klinischen Symptome mehr festzustellen.

Bei diesem Wallach war der Funktionskreis Leber geschwächt, was durch die Intoxikation noch verstärkt wurde. Auch der Funktionskreis Milz war hier in Mitleidenschaft gezogen. Der erreichte Zustand ist seit fünf Jahren weitgehend stabil, ab und zu traten zur Zeit des Fellwechsels wieder leichte Symptome auf, die nach ein bis zwei Akupunkturbehandlungen verschwanden.

Fall 5

Sabine Gosch

Vorbericht

Island Wallach, 12 Jahre alt mit COB, Zustand nach Lungenspülung, Atemfrequenz erhöht, deutliche Flankenatmung. Wegen der starken Belastungsdyspnoe kann das Pferd nicht geritten werden.
Auskultation: Feuchte Rasselgeräusche im Bereich der linken Lunge, rechts nur leicht verschärftes Atemgeräusch.

Untersuchung nach TCVM

Diagnose durch Augenschein

Der Ernährungszustand ist gut, der Wallach ist aufmerksam und macht einen ruhigen, ausgeglichenen Eindruck. Das Haarkleid ist stumpf. Aus beiden Nüstern fließt weißlicher Schleim. Das Hufhorn ist fest, auf der Zunge ist weißlicher Belag zu sehen. Die Schleimhäute sind blass mit einem leicht bläulichen Schimmer.

Befragung der Patientenbesitzer

Der Wallach seit sieben Jahren im Besitz. Vor einem guten Jahr hat er nach einem Lehrgang angefangen zu husten. Sein Zustand verschlechterte sich trotz Behandlung zunehmend. In der Herde ist der Wallach unauffällig, weder ranghoch noch rangniedrig, im Umgang mit dem Menschen ist er problemlos. Vor der Erkrankung war er für einen Isländer eher ruhig, nicht übermäßig fleißig. Er lernt gern, aber langsam. Er ist weder auffällig kälte- noch hitzeempfindlich. Der Husten verschlechtert sich im Frühjahr und Herbst, jedoch ist die Verschlimmerung im Frühjahr ausgeprägter.

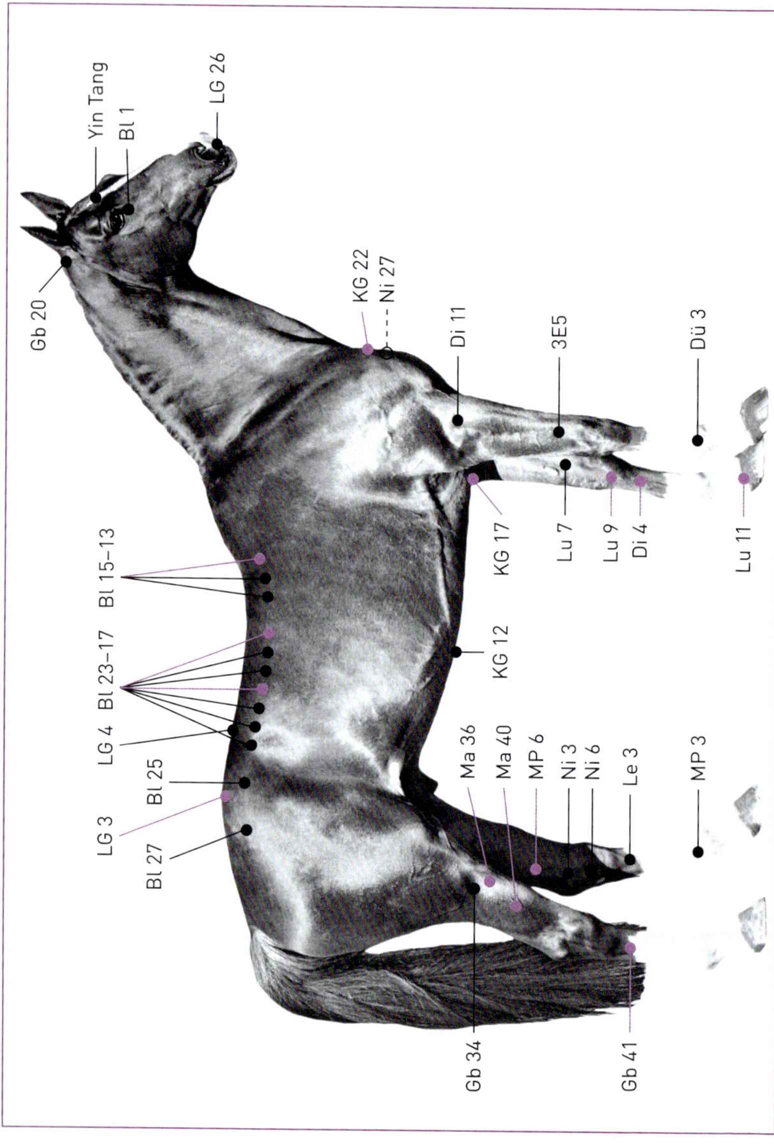

Yin Tang
Bl 1
LG 26
Gb 20
KG 22
Ni 27
Di 11
3E5
Dü 3
KG 17
Lu 7
Lu 9
Di 4
Lu 11
Bl 15–13
Bl 23–17
LG 4
Bl 25
LG 3
Bl 27
KG 12
Ma 36
Ma 40
MP 6
Ni 3
Ni 6
Le 3
MP 3
Gb 34
Gb 41

Betastung

Auf die körperliche Kontaktaufnahme reagiert er sehr freundlich, die Körperoberfläche ist überall warm.

- Schmerzpunkte: Gb 26 (diagnostischer Punkt für einen Stau im Gürtelgefäß)
- Shu-Punkte: Bl 13 (Lunge), Bl 18 (Leber), Bl 20 (Milz)
- Puls: langsam, schwach und oberflächlich

Welche Funktionskreise sind betroffen?

Lunge und Milz

Warum?

Der Wallach ist ziemlich phlegmatisch, er lernt langsam. Der Zustimmungspunkt der Milz, Bl 20, erscheint »eingedellt«, der Druck darauf wird als angenehm empfunden, d. h. er ist »leer«, was auf einen Mangel schließen lässt. Weitere Hinweise, die auf einen gestörten Funktionskreis Milz hindeuten, wären z. B. Verschlechterung durch feuchtes Wetter oder Abneigung gegen Regen. Auch wenn öfters alle vier Beine angelaufen sind, sollte an eine Schwäche im Funktionskreis Milz gedacht werden. Überforderung oder falsche Ernährung schwächen die Milz ebenfalls.

Diagnose nach TCVM

Schleim-Nässe in der Lunge

Warum?

Symptome für Schleim-Nässe in der Lunge sind Atembeschwerden, chronischer Husten und schnelle Ermüdbarkeit. Meist ist reichlich weißliches, flüssiges Sputum vorhanden. Die Zunge weist einen dicken, klebrigen, weißen Belag auf und der Puls ist schlüpfrig, schwach und oberflächlich.

Welche Differenzialdiagnosen kommen in Frage?

Hier ist die Diagnose ziemlich eindeutig, höchstens die leichte Druckdolenz des Zustimmungspunktes der Leber und die Verschlechterung im Frühjahr könnten an den Funktionskreis Leber denken lassen, wobei für die Verschlechterung im Frühjahr eher eine allergische Komponente als Ursache anzunehmen ist.

Therapie

Therapieprinzip

Lungen- und Milz-Qi stärken, Schleim lösen

Punktauswahl

- **Gb 41** – er öffnet das Gürtelgefäß und harmonisiert Leber-Qi-Fluss
- **Bl 13** – der Zustimmungspunkt der Lunge stimuliert die Verteilungsfunktion der Lunge und reguliert das Abwehr-Qi
- **Bl 20** – der Zustimmungspunkt der Milz stärkt die Milz, beseitigt Nässe und stärkt Qi und Blut
- **LG 3** – er stärkt und wärmt den Rücken und tonisiert das Ursprungs Yuan-Qi und Yang
- **Lu 11** – er stimuliert die Verteilung und das Absteigen des Lungen-Qi
- **Ma 40** – hat eine starke schleimlösende Wirkung und öffnet den Brustkorb
- **KG 22** – löst ebenfalls Schleim und fördert das Absteigen des Lungen-Qi
- **Di 4** – zur Stabilisierung des Abwehr-Qi
- **Lu 9** – stärkt Lungen-Qi und Lungen-Yin, fördert Qi und Blutzirkulation, transformiert Schleim und vertreibt Wind
- **Bl 17** – Meisterpunkt des Blutes, er reguliert und bewegt Blut und hat eine sehr gute Wirkung bei allergisch bedingten Symptomen
- **MP 6** – stärkt die Milz und beseitigt Nässe, außerdem tonisiert er die Niere und stärkt Qi und Blut

- **KG 17** – er erleichtert die Atmung und reguliert und tonisiert das Qi des Brustkorbs, befreit die Lunge
- **Ma 36** – allgemein roborierender Punkt, er unterstützt Magen und Milz, stärkt Qi und Blut und den gesamten Körper, außerdem stärkt er das Nähr- und Abwehr-Qi und vertreibt Wind und Nässe

Erläuterungen

Die Punkte wurden nicht gleichzeitig behandelt. Je nach Symptomatik wurde eine Auswahl der Punkte genommen.
Bei den ersten beiden Behandlungen wurde auf LG 3 Moxibustion eingesetzt, um Wärme zuzuführen, weil der langsame Puls und die Farbe der Schleimhäute auf eine Kältesymptomatik hinwiesen. Danach war die Farbe der Schleimhäute normal und die Kältesymptomatik ließ nach.
Nach der ersten Behandlung hat sich eine große Menge zäher weißer Schleim gelöst. Im Anschluss an die zweite Behandlung nach einer Woche war der Allgemeinzustand verbessert und die Atemfrequenz nur noch leicht erhöht. Der Wallach hustete kaum noch, die Schleimproduktion war zurückgegangen, der Schleim dünnflüssiger geworden. Bei der vierten Behandlung hatte die Symptomatik sich stark gebessert, die Atemfrequenz war normal, es wurde nur noch ganz wenig Schleim abgesondert. Der Wallach konnte wieder geritten werden und war lauffreudig.
Die dritte und vierte Akupunktur erfolgte im Abstand von zwei bzw. drei Wochen.

Im vorliegenden Fall war der Funktionskreis Milz geschwächt. Durch die Akupunktur konnte sowohl der Schleim gelöst, als auch eine vorhandene Allergiesymptomatik dauerhaft positiv beeinflusst werden.

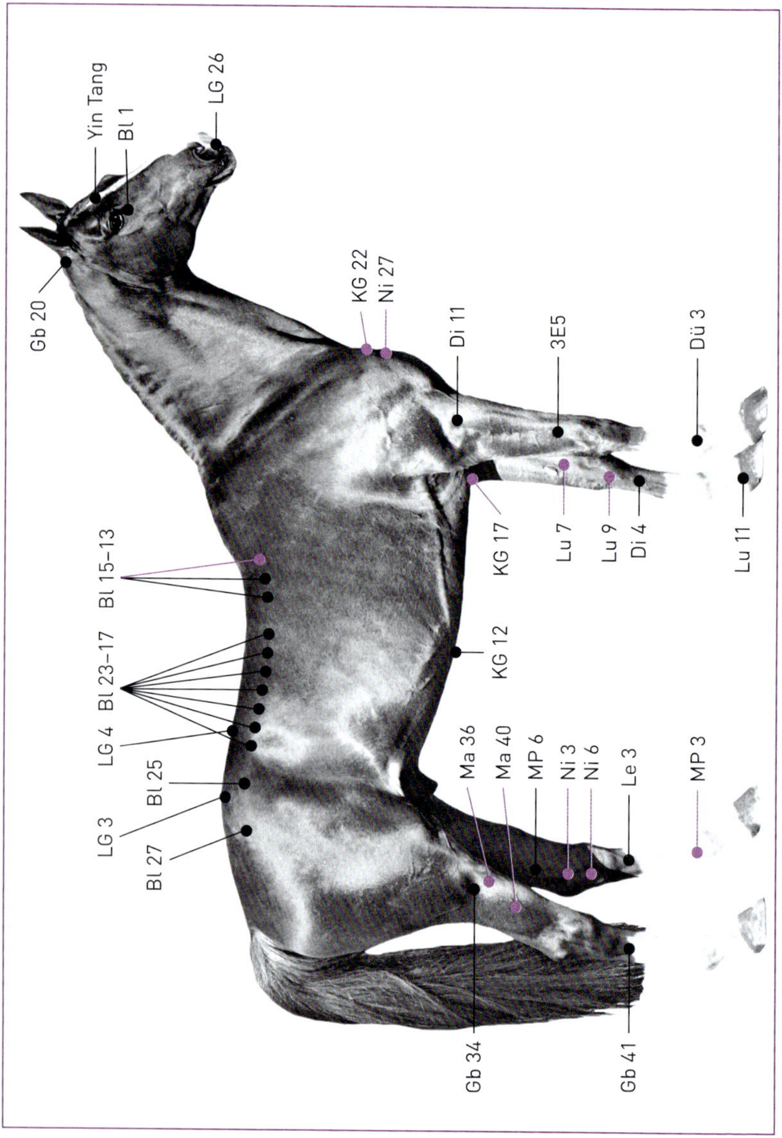
Yin Tang
Bl 1
LG 26
Gb 20
KG 22
Ni 27
Di 11
3E5
Dü 3
KG 17
Lu 7
Lu 9
Di 4
Lu 11
Bl 15–13
Bl 23–17
KG 12
LG 4
Bl 25
LG 3
Bl 27
Ma 36
Ma 40
MP 6
Ni 3
Ni 6
Le 3
MP 3
Gb 34
Gb 41

Fall 6

Gisela Clauss-Arndt

Vorbericht

Hannoveraner-Wallach, braun, 21 Jahre. Der Wallach kam vor ca. drei Jahren in den jetzigen Stall. Die Besitzerin kümmerte sich relativ wenig um ihr Pferd, geritten wurde er von ihr schon seit längerer Zeit nicht mehr. Er steht tagsüber mit anderen Pferden auf der Koppel, abends wird er in die Box gebracht. Seine Box ist sehr groß, wird mit Spänen eingestreut, und er wird von der Stallbesitzerin sehr gut betreut. Seine Besitzerin entschied sich trotzdem, ihn wegen seiner langjährigen Erkrankung einschläfern zu lassen. Der Termin stand bereits fest. Die Stallbesitzerin verhinderte das, indem sie »in letzter Sekunde« den Wallach übernahm.
Der Wallach wurde mir im Juni vorgestellt, nachdem die Stallbesitzerin ihn übernommen hatte. Er hat wahrscheinlich bereits seit elf Jahren Atembeschwerden mit Verdacht auf COB.

Untersuchung nach TCVM

Diagnose durch Augenschein

Eine Dampfrinne ist unterschiedlich deutlich ausgeprägt. Die Ein- und Ausatmung ist erschwert. Häufig kommt es zur Verschlimmerung gegen Abend und nachts, der Husten ist dann anfallsartig und keuchend. 5
Der Wallach ist sehr groß. Der Ernährungszustand ist gut. Er ist sehr aufmerksam und nimmt sofort Kontakt auf. Das Fell ist etwas stumpf, Mähne und Schweif spärlich. Gliedmaßen und Hufe sind unauffällig.
Nasenausfluss ist nicht zu sehen, aber nach Aussagen der Stallbesitzerin hat der Wallach ab und zu etwas weißlichen bis gelblichen, zähen Ausfluss.
Zunge: blassrosa, weich, kein Belag
Schleimhäute: leicht rötlich, feucht, werden relativ schnell trocken

Befragung der Patientenbesitzer

Die Stallbesitzerin berichtet, dass sich die Beschwerden im Frühjahr verschlechtert haben. Generell verträgt der Wallach feuchte, aber auch trockene Wärme schlechter. Er wurde in den letzten Jahren immer wieder über längere Zeit mit Cortison, Antibioka und Ventipulmin behandelt. Tagsüber steht er mit zwei Stuten auf der Koppel, ist sehr aufmerksam und bewegt sich relativ viel. Am Anfang der Bewegung scheint er etwas staksig und hustet dann meistens kräftig. Er galoppiert noch häufig zusammen mit den Stuten, bekommt dann aber auch Atemnot und muss sich wieder ausruhen. Anderen Wallachen gegenüber ist er freundlich, bewacht aber »seine« Stuten. Menschen ist sehr zugewandt, lässt sich gerne anfassen und putzen. Am Kopf mag er allerdings nicht längere Zeit festgehalten werden, reagiert dann hektisch bis panisch, lässt sich aber gut beruhigen. Auf unbekannte Geräusche kann er schreckhaft reagieren.

Die Stallbesitzerin berichtet, dass er ein sehr zuverlässiges und lernwilliges Reitpferd war.

Er frisst viel und gerne und wird mit angefeuchtetem Heu und Hafer gefüttert. Er nimmt aber auch sehr schnell ab. Besonders im Winter braucht er sehr viel zu fressen.

Die Auskultation ergibt beidseitig deutliche Atemgeräusche sowohl bei der Einatmung, als auch bei der Ausatmung, speziell in den Lungenspitzen knisternd, etwas rasselnd und giemend. Die Atemfrequenz ist erhöht, das Lungenfeld vergrößert.

Betastung

Die Körperoberfläche fühlt sich normal warm an, in der Lendengegend etwas kühler. Der Wallach lässt sich gerne untersuchen, der Muskeltonus ist weich. Beine und Hufe sind eher warm.

- Shu-Punkte: Bl 13, Bl 15, Bl 18, Bl 20, Bl 23, Bl 25
- Mu-Punkte: Lu 1, KG 17
- Traditionelle Punkte: Fei Shu, Gan Shu
- Puls: etwas schneller, oberflächlich fein, in der Tiefe fein und gleitend

Diagnose nach TCVM

Acht Leitkriterien

- Leere und Fülle (Schleim), Lungen-Qi-Leere, Lungen-Yin-Leere, Schleimfülle
- Innen
- Hitze (relativer Yang-Überschuss)
- Yin

Qi

- Qi-Stagnation
- Qi-Leere

Zang Fu

- Lungen-Qi-Leere
- Lungen-Yin-Leere
- Nieren-Qi-Leere
- Nieren-Yin-Leere.
- Qi-Leere der Milz
- Stagnation von Schleim im Thorax

Pathogenese

Die Lunge (Fei) empfängt aus der Luft das Qing Qi, die Milz (Pi) transformiert aus der Nahrung das Gu Qi. Beide zusammen bilden das Zong Qi (Thorax-Qi).

Die Lunge hat die Aufgabe, Qi im ganzen Körper zu verteilen und hinabzuführen.

Die Niere (Shen) empfängt und hält das hinabgeführte Qi und sendet wieder einen Anteil (Yuan Qi) nach oben und hilft, das Zhen Qi (Wahres Qi) zu bilden.

Der Beginn der Erkrankung ist nicht bekannt.

Der Wallach zeigt deutlich den **Lungen-Qi-Mangel**: Kurzatmigkeit, bei Belastung Verschlechterung, er muss sich »erholen«. Qi kann nicht genügend verteilt und hinabgeführt werden. Durch den anhaltenden Lungen-Qi-Mangel wird die Verteilung von Körperflüssigkeiten gestört, es kommt zu einem Lungen-Yin-Mangel (wenig leicht gelblicher Nasenausfluss, unproduktiver Husten stumpfes Fell). Die Milz wird ebenfalls in ihren Funktionen (Transformation und Transport) gestört (knisternde, rasselnde Atemgeräusche, klebriger Nasenausfluss, tiefer gleitender Puls). Auf Grund des Alters ist das Nieren-Qi und Nieren-Yin geschwächt. Die Niere kann das hinabgeführte Qi nicht empfangen, so dass dieses zusätzlich den Thorax blockiert (Kurzatmigkeit, Einatmung erschwert). Nieren-Yin-Mangel schädigt das Lungen-Yin zusätzlich.
Der **allgemeine Qi-Mangel** zeigt sich durch mangelnde Belastbarkeit, Konditionsschwäche, Verschlechterung bei Bewegung, feinen Puls
Der **allgemeine Yin-Mangel** wird deutlich durch den schnelleren, zusätzlich oberflächlichen Puls (relativer Yang-Überschuss), Verschlechterung abends und nachts, Dyspnoe, Verlust an Körperflüssigkeiten, Beine und Hufe eher warm, bei psychischer Belastung Hektik.
Längere Gaben von Cortison und Antibiotika können einen exogenen Pathogenen Faktor nach innen drücken. Cortison schädigt Nieren-Jing und Nieren-Yin, es kommt zu relativer Hitze.

Therapie

Therapieprinzipien

- Lungen-Qi stärken
- Lungen-Yin tonisieren
- Absenkende Funktion von der Lunge fördern
- Nieren-Qi stärken
- Nieren-Yin tonisieren
- Milz-Qi stärken
- Schleim bewegen und ausleiten

Punktauswahl

Erste Behandlung

- **Ma 40** – Luo-Punkt, bewegt Schleim und Nässe, öffnet den Thorax
- **KG 22** – fördert das Absenken des Lungen-Qi, beseitigt Schleim
- **Ni 27** – hilft, das Lungen-Qi zu empfangen, fördert die Einatmung
- **Lu 7** – Luo-Punkt, fördert das Absteigen und Verteilen des Lungen-Qi, stärkt das Abwehr-Qi
- **Ma 36** – He-Punkt, Erdpunkt, stärkt Qi und Blut im ganzen Körper, stärkt das Abwehr-Qi, stärkt Magen und Milz
- **Ni 3** – Erdpunkt, Quellpunkt, nährt die Niere, stützt das Nieren-Yin, tonisiert Jing

Verlauf

Während der Behandlung wurde die Einatmung tiefer, die Atemgeräusche wurden weniger.

Zweite Behandlung: Nach drei Tagen, es wurden dieselben Punkte genommen, da die Behandlung erfolgreich war.

Dritte Behandlung: wiederum drei Tage später. Dem Wallach ging es relativ gut. Giemende und rasselnde Atemgeräusche waren kaum noch zu hören. Nachts hustete er weniger.

- **MP 3** – Erdpunkt, Quellpunkt, stärkt die Milz, löst Schleim (mit Ma 40)
- **Lu 9** – Erdpunkt, Quellpunkt, stärkt Lungen-Qi und Lungen-Yin, bewegt Qi, transformiert Schleim, fördert die Blutzirkulation
- **Ni 6** – stärkt Nieren-Yin und -Yang, nährt die Körperflüssigkeiten, kühlt Hitze
- **Bl 13** – Shu-Punkt der Lunge, hilft beim Verteilen des Qi, stärkt das Abwehr-Qi
- **KG 17** – Mu-Punkt des Perikards, einflussreicher Punkt des Qi, Meisterpunkt des Thorax, öffnet den Thorax

Vierte Behandlung: Nach einer Woche. Der Wallach wurde wieder longiert, war wesentlich ausdauernder. Am Anfang und während der Bewegung bekam er immer wieder Husten, der aber nicht lange anhielt und wesentlich lockerer klang. Die Atemfrequenz war noch ein wenig erhöht, beim Einatmen waren noch Atemgeräusche zu hören, aber ohne Giemen und Rasseln.

Verlauf

Der Wallach wurde noch viermal in wöchentlichem Abstand behandelt, dann wurden die Abstände vergrößert. Er wurde regelmäßig im Herbst und im Frühjahr behandelt. Bereits im ersten Behandlungsjahr konnte er wieder geritten werden. Seine Beschwerden verschlechterten sich bei feucht-warmer Witterung. Er hatte aber nie wieder über einen längeren Zeitraum extreme Atembeschwerden.
Der Wallach lebte noch acht Jahre, wurde in der Zeit regelmäßig geritten. In seinem letzten Lebensjahr bekam er zunehmend Gelenkprobleme und wurde auf Grund dieser Beschwerden eingeschläfert.

Fall 7

Gisela Clauss-Arndt

Vorbericht

Isländerstute, 7 Jahre. Die Stute wurde vor einem Jahr aus Irland importiert, war monatelang in einem Händlerstall. Sie wurde vor fünf Monaten gekauft.
Im Frühjahr bekam die Stute während eines Ausritts plötzlich akute Atemnot, es war seit einigen Tagen sehr warm mit starkem Pollenflug. Die nächsten Tage hatte sie anfallsweise trockenen Husten. Sie bekam zwei Wochen Antibiotika und drei Wochen Cortison, dazu einen Schleimlöser. In der zweiten Woche der Behandlung war sie sehr müde, leistungsschwach und inappetent. Der Husten wurde vorübergehend besser, aber nach Abschluss der Behandlung bekam sie immer wieder Husten mit Dyspnoe. Sie zeigte weder deutlichen Auswurf noch Nasenausfluss.

Untersuchung nach TCVM

Diagnose durch Augenschein

Der Ernährungszustand der Stute ist gut. Sie lässt sich ohne Probleme untersuchen. Die Gliedmaßen sind unauffällig, die Hufe etwas brüchig. Die Stute hat keinen Nasenausfluss.
Schleimhäute: rosa, wenig feucht
Zunge: rosa, wenig gelblicher Belag, etwas klebrig, der Zungenkörper weich

Befragung der Patientenbesitzer

Die Stute hatte tagsüber Weidegang, nachts einen Offenstall mit einem kleinen Paddock. Über dem Stall wurde Heu und Stroh gelagert.

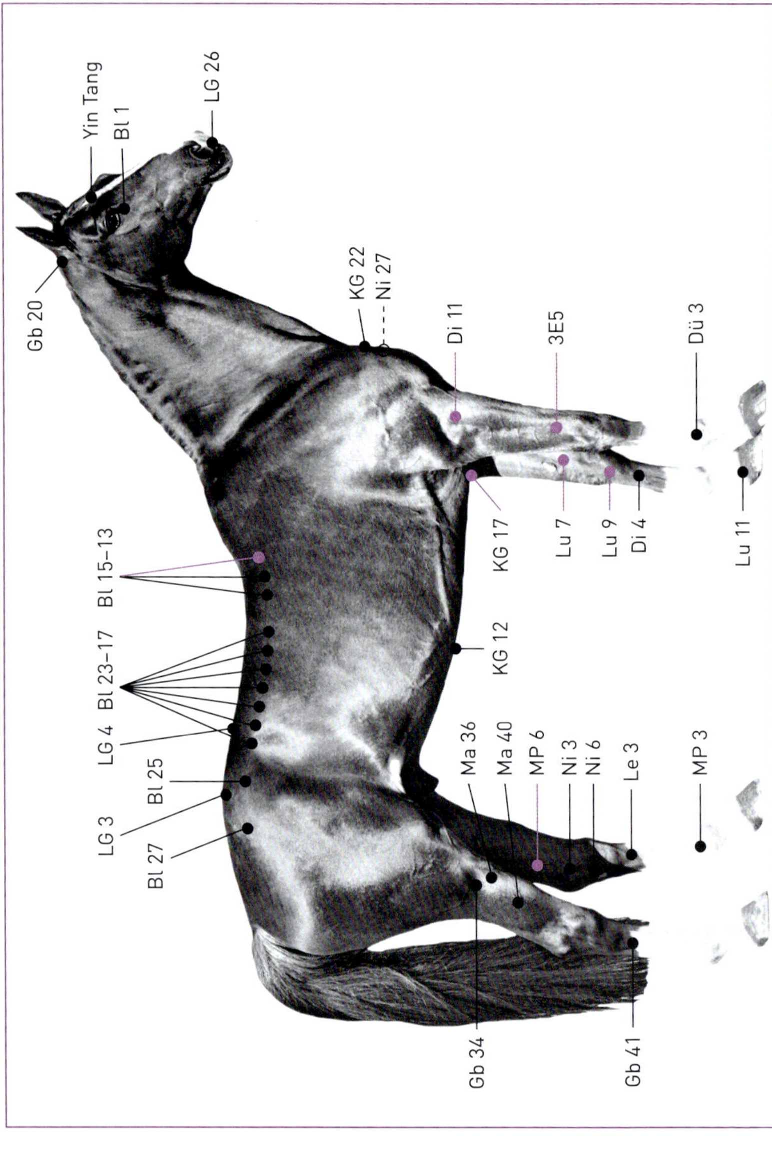
Yin Tang
Bl 1
LG 26
Gb 20
KG 22
Ni 27
Di 11
3E5
Dü 3
Bl 15–13
KG 17
Lu 7
Lu 9
Di 4
Lu 11
Bl 23–17
KG 12
LG 4
Bl 25
LG 3
Bl 27
Ma 36
Ma 40
MP 6
Ni 3
Ni 6
Le 3
MP 3
Gb 34
Gb 41

In der Herde zeigte sich die Stute ziemlich ranghoch, auch dominant. Menschen gegenüber war sie sehr freundlich und eher ruhig.
Der Kot war ab und zu breiig, die Haut o. b. B. Vor einiger Zeit hatte die Stute einen Befall mit Haarlingen. Sie fraß gerne und sehr viel. Bei Wärme fiel vermehrtes Trinken auf. Bei Belastung kam es zu Leistungsabfall mit Dyspnoe.
Modalitäten: Verschlechterung bei feuchter Hitze und bei Bewegung

Betastung

Die Körperoberfläche ist gleichmäßig warm, der Muskeltonus normal.

- Shu-Punkte: Bl 13, Bl 18, Bl 20
- Mu-Punkte: Lu 1, Le 14, KG 17
- Traditionelle Punkte: Fei Shu (Shu-Punkt Lunge), Gan Shu (Shu-Punkt Leber)
- Puls: oberflächlich wenig fühlbar, in der Tiefe weich, gleitend, Frequenz erhöht

Westliche Diagnose

COB mit Erschwerter Inspiration und Exspiration und Schleimretention

Diagnose nach TCVM

Eindringen der Pathogenen Faktoren Wind, Hitze und Feuchtigkeit, Stagnation
Das Absteigen des Lungen-Qi ist behindert, führt zu Lungen-Qi-Mangel und Wei-Qi-Mangel. Die anhaltende Lungen-Qi-Leere stört die Verteilung der Körperflüssigkeiten, führt zu Jin-Ye-Mangel.
Milz-Qi-Mangel durch chronischen Lungen-Qi-Mangel. Cortison schädigt Jing

Acht Leitkriterien

- Innen
- Leere (Lungen-Qi, Milz-Qi)
- Hitze

Pathogene Faktoren
- Wind
- Hitze
- Feuchtigkeit

Vitale Substanzen
- Qi-Leere
- Jin-Ye-Mangel

Zang Fu
- Lungen-Qi-Mangel
- Milz-Qi-Mangel

Pathogenese

Angriff der Exogenen Pathogenen Faktoren Wind und Hitze, die in den Körper eindringen konnten, da das Wei-Qi durch den ständigen Stallwechsel geschwächt war. Durch die Behandlung mit Antibiotika und Cortison wurden die Pathogenen Faktoren im Körper eingeschlossen.

Therapie

Therapieprinzipien
- Pathogene Faktoren ausleiten
- Qi allgemein stärken und bewegen
- Lungen-Qi stärken
- Milz-Qi stärken
- Schleim bewegen

Punktauswahl
Erste Behandlung
- **Di 11** – vertreibt äußeren Wind, Hitze und Feuchtigkeit, stärkt die verteilende Funktion der Lunge

- **Lu 7** – fördert das Absteigen und Verteilen des Lungen-Qi
- **Bl 13** – Shu-Punkt der Lunge, hilft beim Verteilen des Qi, stärkt das Abwehr-Qi
- **KG 17** – Meisterpunkt des Thorax (Qi), öffnet den Thorax
- **MP 6** – stärkt Qi und Blut allgemein, stärkt Magen und Milz
- **3E 5** – treibt Exogene Pathogene Faktoren aus

Zweite Behandlung (nach einer Woche)

- Dieselben Punkte wie bei der ersten Behandlung und
- **Lu 9** – Erdpunkt, Quellpunkt, stärkt Lungen-Qi und bewegt Qi, transformiert Schleim, fördert die Blutzirkulation

Dritte Behandlung (nach einer Woche)

Der Stute ging es besser, sie konnte wieder geritten werden, allerdings nur kurze Strecken. Bei Belastung wurde sie immer noch relativ schnell müde und zeigte Bewegungsunlust und Husten. Sie hatte vermehrt Nasenausfluss (gering gelblich) und schluckte nach dem Husten ab, so dass sich offenbar Schleim gelöst hatte.

- **Lu 7**
- **Lu 9**
- **Bl 13**
- **KG 17**
- **MP 6**

Verlauf

Die Stute wurde noch dreimal behandelt, jeweils im Abstand von einer Woche. Die Punkte wurden beibehalten, da die Stute sehr gut darauf reagiert hatte. Sie konnte stärker belastet werden. Nach wie vor hustete sie zu Beginn der Bewegung.

Es war leider nicht möglich, die Stallsituation abzuändern. Es wurde nach wie vor über dem Offenstall Heu und Stroh gelagert, obwohl offensichtlich war, dass es für die Stute eine zusätzliche Belastung bedeutete. Die Stute wurde abgegeben, so dass auch die Behandlung abgebrochen werden musste.

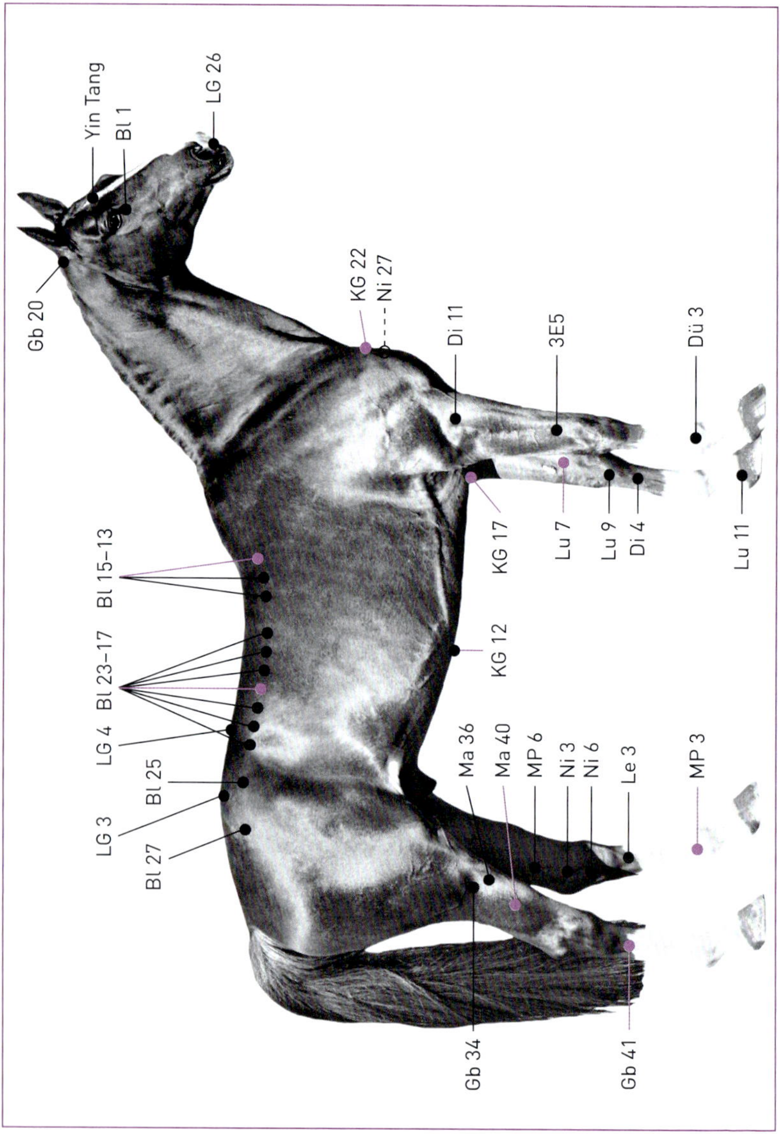

Yin Tang
Bl 1
LG 26
Gb 20
KG 22
Ni 27
Di 11
3E5
Dü 3
Bl 15–13
Bl 23–17
LG 4
Bl 25
LG 3
Bl 27
KG 17
Lu 7
Lu 9
Di 4
Lu 11
KG 12
Ma 36
Ma 40
MP 6
Ni 3
Ni 6
Le 3
MP 3
Gb 34
Gb 41

Fall 8

Gisela Clauss-Arndt

Vorbericht

Welsh Cob, Stute, 5 Jahre. Die Stute wuchs in einer Mutterstutenherde auf. Die Trennung von der Mutter mit sieben Monaten fiel ihr offenbar schwer. Sie war über mehrere Tage sehr unruhig und wieherte anhaltend. Sie lebte weiter in der Fohlenherde, suchte Kontakt und war sehr verträglich.
Mit zweieinhalb Jahren wurde sie in einen Ausbildungsstall gegeben und dort auch relativ schnell angeritten. Mit dreieinhalb Jahren kam sie wieder zu dem Züchter zurück, wurde dort weiter geritten und an der Kutsche ausgebildet.
Die Stute war von morgens bis nachmittags mit anderen Stuten auf der Koppel und nachts in einer großen Box in einem sehr luftigen Stall untergebracht.
Mit viereinhalb Jahren bekam die Stute im Frühjahr eine akute Bronchitis nach längerem Stehen auf der Koppel bei regnerischem, kühlen und sehr windigen Wetter. Sie hustete laut, bellend, anfallsweise und hatte einen wässrigen Ausfluss aus den Nüstern. Sie schnaubte sehr häufig und rieb sich die Nase an ihrem Vorderbein. Auf der Koppel bewegte sie sich relativ wenig und war am Anfang der Bewegung auffällig steif.
Es wurde vermutet, dass es sich um eine Infektion handelte, so dass über zwei Wochen Antibiotika gegeben wurden. Nach der Behandlung ging es ihr besser, die Hustenanfälle hörten auf, es trat nur noch ab und zu bei Bewegung ein weißlicher Nasenausfluss auf.
Die Stute wurde wieder regelmäßig geritten, war aber immer noch am Anfang der Bewegung steif, lief sich dann ein. Auffallend war, dass ihre Kondition schwächer war als vor der Erkrankung, dem wurde aber keine besondere Bedeutung beigemessen. Die nächsten Monate wurde relativ wenig mit ihr gearbeitet.

Untersuchung nach TCVM

Diagnose durch Augenschein

Die Stute hat einen harmonischen Körperbau. Der Ernährungszustand ist gut. Das Fell glänzt, Mähne und Schweif sind sehr dicht.
Schleimhäute: blass-rosa, feucht
Zunge: relativ groß, geschwollen
Zungenbelag: feucht, weißlich

Befragung der Patientenbesitzer

Zu Beginn des Herbstes fiel auf, dass sie immer wieder in unregelmäßigen Abständen etwas hustete, besonders am Anfang der Bewegung. Der Besitzer hatte den Eindruck, dass der Husten bei regnerischem Wetter vermehrt war. Er berichtete außerdem, dass die Kondition immer noch nicht so gut wäre und sie bei Belastung kurzatmig sei. Der Husten klang eher feucht, rasselnd und die Stute schien danach Schleim abzuschlucken. Bei Belastung kam relativ viel weißlicher, dünner Schleim aus der Nase. Der Stute wurden seit mehreren Wochen Hustenkräuter gefüttert.

Betastung

Sie lässt sich sehr gerne anfassen und scheint die Untersuchung zu genießen.
Die Körperoberfläche fühlt sich unterschiedlich warm an. Im Thoraxbereich ist sie auffällig kühl, während der Lendenbereich dagegen eher warm erscheint. Die Extremitäten, besonders die vorderen fühlen sich kühl an.

- Shu-Punkte: Bl 13, Bl 18, Bl 20, Bl 22
- Mu-Punkte: Le 13, Lu 1
- Traditionelle Punkte: Fei Shu (traditioneller Lungenpunkt)
- Diagnostische Punkte: Gb 26 (zeigt eine Stagnation auf dem Gürtelgefäß)
- Puls: langsam, oberflächlich, voll, in der Tiefe fein

Diagnose nach TCVM

Acht Leitkriterien

- Fülle
- Leere
- Innen
- Kälte

Pathogene Faktoren

- Wind
- Kälte
- Feuchtigkeit

Vitale Substanzen

- Qi-Stagnation
- Qi-Leere
- Jin-Ye

Meridiane

- Dai Mai (Gürtelgefäß)

Zang Fu

- Lungen-Qi-Mangel
- Schleim-Nässe in der Lunge
- Milz-Yang-Mangel

Pathogenese

Im Frühjahr kam es zur Invasion der Pathogenen Faktoren Wind-Kälte und Wind-Feuchtigkeit trotz gutem Allgemeinbefinden und starkem Wei Qi (Abwehr-Qi). Durch die Gabe des Antibiotikums wurde Kälte zusätzlich im Inneren eingeschlossen.
Die Lunge hat die Aufgabe, Qi im ganzen Körper zu verteilen und hinabzuführen.

Durch die Ansammlung von Feuchtigkeit und Kälte im Oberen Dreifachen Erwärmer wird die Funktion der Lunge, Qi hinabzuführen, gestört. Es kommt zur Stagnation von Feuchtigkeit und zu Husten.
Durch die permanente Überbelastung der Lunge kommt es zu Lungen-Qi-Mangel, der sich in Konditionsschwäche und Kurzatmigkeit zeigt.
Die Milz hat die Aufgabe, Flüssigkeiten zu transformieren und zu transportieren.
Durch die Ansammlung von Feuchtigkeit und Kälte kann die Milz ihrer Funktion nicht mehr nachkommen, durch die Stagnation von Feuchtigkeit kommt es zur Schleim- und Nässebildung.
Der kühle Thoraxbereich und die kalten Vorderextremitäten zeigen die eingeschlossene Kälte im Oberen Dreifachen Erwärmer, ebenso die Steifigkeit am Anfang der Bewegung.

Therapie

Therapieprinzipien

- Lungen-Qi-stärken
- Milz-Qi und -Yang stärken
- Schleim bewegen
- Nässe beseitigen
- Kälte ausleiten
- Dai Mai öffnen

Punktauswahl

Erste Behandlung

- **Gb 41** – öffnet das Gürtelgefäß
- **Ma 40** – Luo-Punkt, bewegt Schleim und Nässe, öffnet den Thorax
- **KG 22** – fördert das Absenken des Lungen-Qi, beseitigt Schleim
- **KG 17** – Mu-Punkt des Pericards, einflussreicher Punkt des Qi, Meisterpunkt des Thorax, öffnet den Thorax
- **Lu 7** – Luo-Punkt, fördert das Absteigen und Verteilen des Lungen-Qi, stärkt das Abwehr-Qi

- **Bl 13** (Moxa) – Shu-Punkt der Lunge, hilft beim Verteilen des Qi, stärkt das Abwehr-Qi
- **Bl 20** (Moxa) – Shu-Punkt der Milz, stärkt die Milz, hilft beim Transformieren von Flüssigkeiten, Nässebeschwerden. Moxa: wärmt die Milz, unterstützt Yang

Die zweite Behandlung erfolgte nach einer Woche:

- **Ma 40** – Luo-Punkt, bewegt Schleim und Nässe, öffnet den Thorax
- **KG 17** – Mu-Punkt des Pericards, einflussreicher Punkt des Qi, Meisterpunkt des Thorax, öffnet den Thorax
- **KG 12** – Mu-Punkt des Magens, stärkt das Qi des Magens, beseitigt Nässe durch Stärkung der Milz
- **Lu 7** – Luo-Punkt, fördert das Absteigen und Verteilen des Lungen-Qi, stärkt das Abwehr-Qi
- **MP 3** – Erdpunkt, Quellpunkt, stärkt die Milz, löst Schleim
- **Bl 13** (Moxa) – Shu-Punkt der Lunge, hilft beim Verteilen des Qi, stärkt das Abwehr-Qi
- **Bl 20** (Moxa) – Shu-Punkt der Milz, stärkt die Milz, hilft beim Transformieren von Flüssigkeiten, Nässebeschwerden

Verlauf

Die Stute wurde noch dreimal in wöchentlichem Abstand behandelt. Der Punkt Ma 40 konnte nach der dritten Behandlung weggelassen werden. Die Kondition wurde wesentlich besser. Husten war nach der dritten Behandlung nicht mehr zu hören.

Der Besitzer wurde gebeten, die Stute vor feuchter Kälte zu schützen. Sie reagierte ganz offensichtlich extrem auf diese klimatischen Faktoren.

Die Stute reagierte sehr gut auf die Behandlung mit Akupunktur. Der Besitzer achtete sehr darauf, dass sie bei nasskaltem Wetter entweder in den Stall gebracht wurde oder ihr eine Schutzdecke aufgelegt wurde. Auf Wunsch des Besitzers wurde sie regelmäßig im Spätherbst oder im Winter ein- bis zweimal akupunktiert.

Der Besitzer berichtete, dass er nie wieder Husten gehört und die Stute eine sehr gute Kondition hätte.

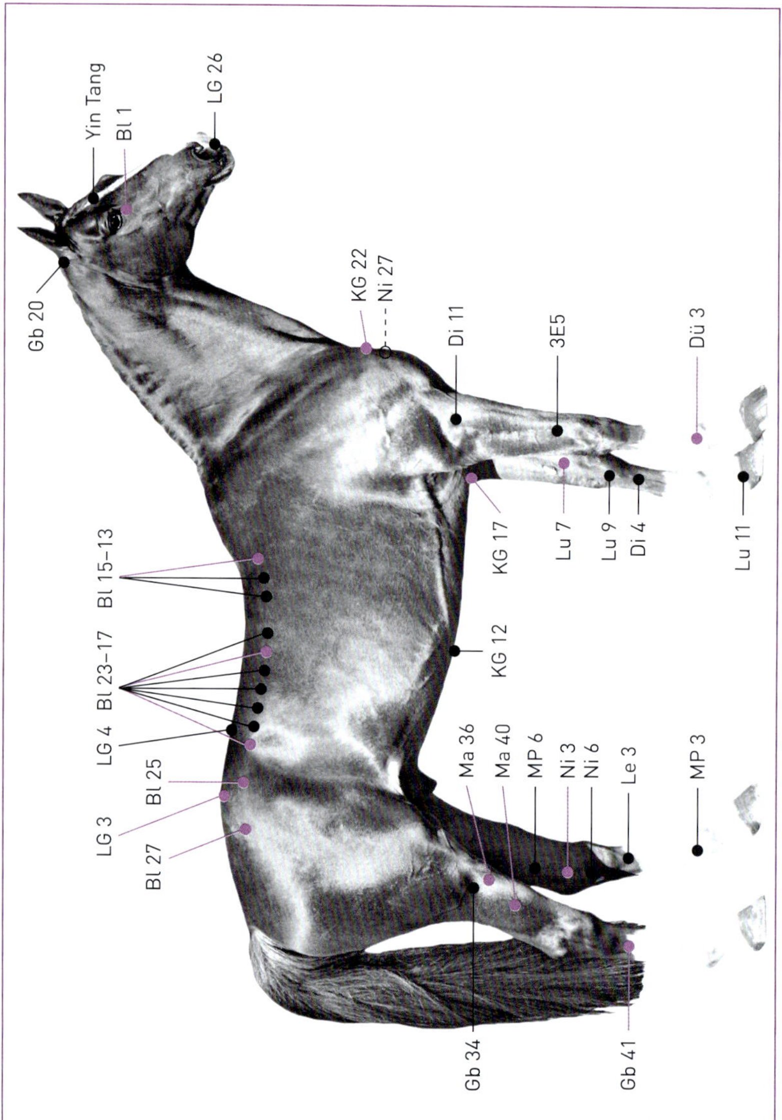

Yin Tang
Bl 1
LG 26
Gb 20
KG 22
Ni 27
Di 11
3E5
Dü 3
KG 17
Lu 7
Lu 9
Di 4
Lu 11
Bl 15–13
Bl 23–17
KG 12
LG 4
Bl 25
LG 3
Bl 27
Ma 36
Ma 40
MP 6
Ni 3
Ni 6
Le 3
MP 3
Gb 34
Gb 41

Fall 9

Angelika Dura

Vorbericht

Braune Hessenstute, 21 Jahre. Seit drei Jahren hat das Pferd im Frühjahr bzw. am Ende des Winters Probleme mit asthma-artigen Zuständen, d. h. erhöhte Atemfrequenz bis hin zur Atemnot.
Verdacht auf Pollenallergie. Bisherige Behandlung mit Cortison und Ventipulmin®. Seit einem Jahr zusätzliche homöopathische Behandlung, da inzwischen vermehrt Probleme mit immer wiederkehrendem »Einschuss« auftraten.
Die respiratorischen Probleme treten meist Ende Februar auf, vor allem bei sonnigem, eher warmen Wetter. Die schlimmste Zeit ist von März bis Mai, ab Juni meist keine Probleme mehr.

Untersuchung nach TCVM

Diagnose durch Augenschein

Die Gliedmaßen sind unauffällig, nach Aussage des Besitzers aber ab und zu ödematös verdickt. Schale und Sehnenverkürzung vorne, schlechte Hufe.
Schleimhäute: blass, immer wieder auch leicht gestaute Konjunktiven, Ausfluss weiß bis klar
Zunge: klein schmal, ohne Belag, wenig tonisiert

Befragung der Patientenbesitzer

Die Stute ist ein nettes Pferd, ein guter Futterverwerter, trinkt eher wenig, ist bewegungsfreudig, agil, sensibel, wach, passt immer auf, kann hysterisch sein. Sie klebt Menschen, die sie kennt. Bei Fremden ist sie sehr distanziert; immer ein bisschen in »Hab-acht-Stellung«, mit einer gewissen Angst.

Vorgeschichte des Pferdes beim Vorbesitzer: Chronische Probleme mit Husten und Verschleimung, früher v. a. im Winter bei nasskaltem Wetter. Der Vorbesitzer hatte nichts unternommen. Nach einem sehr schlimmen Winter wurde die Haltung auf Offenstallhaltung umgestellt. **Modalitäten:** Das Pferd zeigte früher Verschlechterung bei Nässe und Kälte. Während später eine Unverträglichkeit von Wind und Trockenheit eintrat. Im Sommer immer wieder Kreislaufprobleme. Hitze schadet.

Betastung

- Shu-Punkte: Die Palpation ergab eine deutliche Druckdolenz der Punkte: Bl 13, Bl 18, Bl 19, Bl 23, Bl 25

Westliche Diagnose

COB

Diagnose nach TCVM

- Lungen-Qi-Mangel
- Wei-Qi-Schwäche, führt zur Anfälligkeit gegenüber äußeren Pathogenen Faktoren
- Blutmangel, führt zu Trockenheit der Haut und Schleimhaut
- Lunge befeuchtet die Haut nicht mehr
- Nieren-Yin-Mangel führt zu Hitze-Symptomen
- Qi-Stagnation

Acht-Leitkriterien

- Yin
- Innen
- Leere
- Hitze

Qi und Blut
Qi- und Blutmangel aufgrund des Alters und der Chronizität des Problems

Meridiane
Qi-Stagnation durch Lungen-Qi-Mangel in einzelnen Meridianen

Zang-Fu
- Lungen-Qi-Mangel
- Nieren-Qi- und Nieren-Yin-Mangel
- Milz-Qi-Mangel

Therapie

Therapieprinzip
- Lunge und Niere stärken
- Qi-Stagnation beseitigen,
- Qi und Blut stärken

Therapiepunkte
Die Therapie erfolgte über einen sehr langen Zeitraum. Hierbei wurden folgende Punkte in verschiedenen Kombinationen benutzt:
- **Bl 23** – Zustimmungspunkt der Niere, fördert die Nierenessenz, tonisiert das Nieren-Yin
- **Bl 13** – Zustimmungspunkt der Lunge, stimuliert die Verteilungsfunktion der Lunge, reguliert das Abwehr-Qi
- **KG 22** – fördert das Absteigen des Lungen-Qi, beseitigt Schleim, kühlt Hitze
- **Ma 40** – bewegt Schleim, transformiert Schleim und Feuchtigkeit
- **Lu 7** – öffnet das Konzeptionsgefäß, verteilt das Lungen-Qi, befreit die Körperoberfläche von äußeren Pathogenen Faktoren, stärkt das Abwehr-Qi
- **LG 3** – tonisiert das Ursprungs-Qi, stärkt den Rücken und die hinteren Extremitäten, tonisiert das Yang

- **Gb 41** – Öffner des Gürtelgefäßes, harmonisiert den Qi-Fluss
- **Ma 36** – allgemein tonisierend, vertreibt Feuchtigkeit und Schleim, stärkt Qi und Blut, stärkt das Nähr- und Abwehr-Qi
- **Dü 3** – Öffner des Lenkergefäßes, vertreibt Wind und Nässe
- **Bl 27** – Zustimmungspunkt des Dünndarms, beseitigt Schmerzen im kaudalen Rückenbereich, Ischialgien
- **KG 17** – Alarmpunkt des Pericards und des oberen Erwärmers, Meisterpunkt der Atmung und des Thorax, reguliert und tonisiert Qi des Brustkorbs, befreit die Lunge und löst Schleim
- **Bl 25** – Zustimmungspunkt des Dickdarms
- **Ni 3** – tonisiert die Essenz, nährt die Niere
- **Bl 18** – Zustimmungspunkt der Leber, bewegt und reguliert das Leber-Qi, bewegt Qi und Blut, leitet Wind aus
- **Bl 1** – Augenpunkt, vertreibt Wind, Hitze und klärt die Augen

Verlauf

Bei der ersten Akupunkturbehandlung im Frühjahr war die Stute 21 Jahre alt und galt schulmedizinisch als austherapiert. Im Vordergrund standen die Atemnot und die chronisch obstruktive Bronchitis. Das Pferd hustete stark, auch während der Behandlung. Es erfolgten drei Behandlungen im Abstand von einer Woche. Danach wurden die Behandlungsintervalle sukzessive vergrößert. Nach sechs Wochen konnte eine längere Behandlungspause eingelegt werden. Erst im Herbst verschlechterte sich der Zustand, so dass weitere Behandlungen nötig wurden. Zu dieser Zeit konnten Qi-Stauung (Bewegung besserte die Beschwerden) und Rückenprobleme (Druckdolenz der Shu-Punkte v. a. Bl 18 und Bl 19) diagnostiziert werden. Nach zwei bis drei weiteren Behandlungen blieb die Stute symptomfrei bis zum nächsten Frühjahr. Pünktlich im März (s. o.) setzten die Atemwegsprobleme wieder ein. Ebenfalls nach drei Behandlungen konnte ein zufriedenstellender Zustand mit einer Atemfrequenz von 20 Zügen pro Minute erreicht werden. Weitere Behandlungen erfolgten in den darauffolgenden Jahren.

Mit 23 Jahren erschwerten Herzprobleme den Zustand und es wurden zur Sicherheit regelmäßig Akupunkturbehandlungen im monatlichen Abstand durchgeführt. Sieben Jahre später entwickelte die Stute einen

Tumor hinter dem rechten Auge und musste aufgrund dieser Diagnose bald darauf eingeschläfert werden. Sie war zu diesem Zeitpunkt 28 Jahre alt.

Die Aussage »schulmedizinisch austherapiert« bedeutet, wie man an diesem Fall sehen kann, nicht das Ende der Fahnenstange. Die Möglichkeit der Mobilisierung von körpereigenen Heilungskräften durch Kombination mit entsprechenden Naturheilverfahren, bietet dem Tier noch eine weitere Chance auf mehr Lebensqualität und letztendlich eine deutliche Lebensverlängerung.

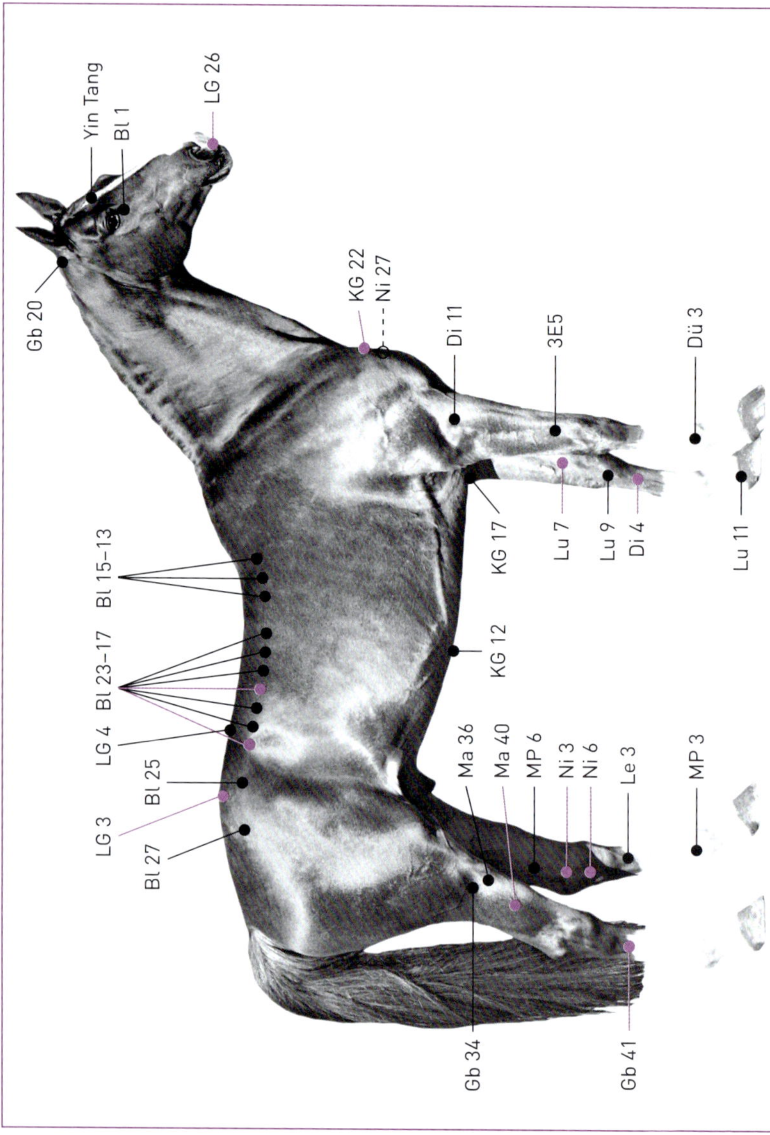
Yin Tang
Bl 1
LG 26
Gb 20
KG 22
Ni 27
Di 11
3E5
Dü 3
Bl 15–13
Bl 23–17
LG 4
Bl 25
LG 3
Bl 27
KG 17
Lu 7
Lu 9
Di 4
Lu 11
KG 12
Ma 36
Ma 40
MP 6
Ni 3
Ni 6
Le 3
MP 3
Gb 34
Gb 41

Fall 10

Angelika Dura

Vorbericht

Haflingerstute, 30 Jahre. Seit Jahren leidet die Stute an Chronisch Obstruktiver Bronchitis. Sie ist allergisch bedingt und macht vor allem in der warmen Jahreszeit Probleme. Das Pferd zeigt dann deutlich erschwerte Atmung und eine erhöhte Atemfrequenz. Bislang wurde bei akuten Schüben der Bronchitis immer eine Antibiotikatherapie und Cortison eingesetzt. Bei Vorstellung in der Akupunkturpraxis, berichtete die Besitzerin, dass die Haustierärztin eine weitere schulmedizinische Therapie ablehnt und auch eine Zahnbehandlung, die dringend erforderlich erscheint, aufgrund der schlechten körperlichen Gesamtsituation nicht durchführen möchte. Es wurde ein Behandlungsversuch mit Akupunktur erwogen.

Untersuchung nach TCVM

Diagnose durch Augenschein

Bei der Erstvorstellung im Juni zeigt das Pferd hochgradige Atemnot. Es besteht grünlich-gelblicher, massiver Nasenausfluss. Die Atmung verursacht ein deutliches Stenosegeräusch aufgrund der starken Verschleimung. Trotz der massiven Symptome erscheint die 30-jährige Stute recht aufmerksam.

Die Gliedmaßen sind leicht angelaufen v. a. hinten, arthrotische Veränderungen an den Gelenken v. a. im Bereich des Krongelenks.

Schleimhäute: blasse Maulschleimhäute, Konjunktiven blass, an der Oberfläche leicht gestaut

Zunge: rosa, fester Zungenkörper, nicht herausziehbar

Modalitäten

Hitze und Feuchtigkeit führten zu einer Verschlechterung des ohnehin labilen Gesamtzustandes. Bei Wind Neigung zu Konjunktivitis.

Befragung des Patientenbesitzers

Es handelt sich um ein freundliches, aufgeschlossenes Pferd. Es ist gut in die Herde integriert, aber in niedriger Rangposition. Die Stute erscheint jünger als sie ist. Es besteht ein enger Kontakt mit der Besitzerin. Sie frisst gut und gern, der Urin und Kotabsatz sind unauffällig. Ab und zu beobachtet die Besitzerin Kotwasser. Die Beschwerden verschlechtern sich vor allem bei warmer feuchter Witterung.

Betastung

Die Palpation der Shu-Punkte erscheint unauffällig.

Westliche Diagnose

COB

Diagnose nach TCVM

Schleim blockiert den Oberen Erwärmer
Eindringen der Pathogenen Faktoren Wind, Hitze und Feuchtigkeit

Acht-Leitkriterien

- Yin
- Innen
- Fülle (entsteht durch Schleim, weil die verteilende und herabführende Funktion des Lungen-Qi gestört ist)
- Leere
- Hitze

Qi und Blut

Qi- und Blutmangel

Meridiane
Unauffällig

Zang-Fu
- Nieren-Yin-Mangel, altersbedingt auch allgemeiner Nieren-Essenz-Mangel
- Lungen-Qi Mangel, dadurch bedingte Wei-Qi- (Abwehr-Qi) Schwäche
- Milz-Qi-Mangel

Pathogenese

Die Milz (Mutter) versorgt die Lunge (Kind) nicht: Wenn die Milz keine Flüssigkeiten umwandelt und transportiert, entsteht Schleim, der sich in der Lunge ablagert, dies führt zu Atembeschwerden und Asthma. Gleichzeitig verliert die Lunge ihre Qi-verteilende Funktion. Verschlechterung bei Hitze, Hitze schadet, weil durch den allgemeinen Yin-Mangel Hitze aufsteigen kann und die Körperflüssigkeiten zusätzlich schädigt

Therapie

Therapieprinzipien
Pathogene Faktoren ausleiten, Schleim bewegen, Lunge und Niere stärken, Milz tonisieren

Punktauswahl
Es erfolgten drei Behandlungen im Abstand von einer Woche. Zusätzlich wurde eine Inhalationstherapie mit Emser Salz durchgeführt.

Erste Behandlung
- **Bl 23** – beidseits fördert die Nieren-Essenz
- **LG 3** – (Baihui) tonisiert Yang
- **Ni 3** – nährt die Niere und tonisiert die Essenz
- **Ma 40** – bewegt Schleim, beseitigt Nässe und Hitze, öffnet den Brustkorb, löst Schleimerkrankungen

- **KG 22** – fördert die absteigende Funktion des Lungen-Qi, eliminiert Schleim und Hitze
- **Lu 7** – stärkt Qi und unterstützt das Absteigen und Verteilen des Lungen-Qi, befreit die Oberfläche von äußeren Pathogenen Faktoren, stärkt Wei-Qi (Abwehr-Qi)

Kurz nach der Behandlung berichtete die Besitzerin von massivem Schleimfluss aus der Nase. Die Besitzer sollten zur Erhaltung der Therapie Lu 7, Ma 40, Ni 3 und Gb 41 akupressieren.
Nach einer Woche war immer noch grünlicher Schleim vorhanden. Die Shu-Punkte zeigten keinen Befund. Lediglich eine Druckdolenz auf Gb 26 wies auf einen Stau im Gürtelgefäß hin. Es wurde eine weitere Behandlung durchgeführt.

Zweite Behandlung

- **LG 3**
- **LG 26** regt die Atmung an
- **Gb 41** öffnet das Gürtelgefäß (Dai Mai) und leitet feuchte Hitze aus
- **Ma 40**
- **Lu 7**
- **Di 4** vertreibt Wind und Hitze, stärkt die Abwehr zusammen mit Lu 7
- **Ni 3**
- **KG 22**

Eine weitere Woche später war der Nasenausfluss deutlich weniger geworden und das Stenosegeräusch verschwunden. Die Stute zeigte zu diesem Zeitpunkt eine Druckdolenz auf Bl 20 (Milz Shu-Punkt).

Dritte Behandlung:

- **Bl 20** – Shu-Punkt der Milz, stärkt die Milz beseitigt Nässe, stärkt Qi und Blut, hält die Organe an ihrem Platz
- **MP 6** – stärkt die Milz, eliminiert Nässe, tonisiert die Niere, stärkt Qi und Blut
- **Lu 7**
- **Ma 40**
- **Ni 3**

Das Pferd war entspannt und fraß während der Behandlung ohne große Atemprobleme.

Verlauf

Es erfolgte eine weitere Behandlung nach einem Monat. Danach konnte ein Termin zur Zahnbehandlung in Sedation erfolgen. Die Stute überstand die Behandlung ohne große Probleme. In den folgenden Monaten erfolgte täglich Akupressur durch den Besitzer. Kontrolltermine wurden nach vier, sechs und acht Wochen angesetzt.

Trotz des hohen Alters des Pferdes konnte eine Besserung erreicht werden. Dies ist v. a. auf die gute Grundkonstitution des Tieres zurückzuführen. Es ist möglich, auch sehr lange bestehende Probleme durch die Mobilisierung der körpereigenen Reserven positiv zu beeinflussen. Vorbeugend für den nächsten Krankheitsschub im Frühjahr sollte die Stute spätestens im Februar wieder behandelt werden.

Literatur

Humanmedizin

Hempen, CH (1991): Die Medizin der Chinesen. Erfahrungen mit fernöstlicher Heilkunst. Goldmann, München.

Kaptchuk, TJ (2010): Das große Buch der chinesischen Medizin. Die Medizin von Yin und Yang in Theorie und Praxis. O. W. Barth, München.

Maciocia, G (2008): Die Grundlagen der Chinesischen Medizin. 2. Aufl., Verlag für Ganzheitliche Medizin, München

Veterinärmedizin

Anon. (2011): Kursbegleitende Unterlagen der Fortbildungen für Tierärzte ATF-Grundkurse Veterinärakupunktur: Manuskripte der Kurse 1 bis 8.

Anon. (2011): Kursbegleitende Unterlagen der Fortbildungen für Tierärzte ATF-Grundkurse Veterinärakupunktur: Manuskript „Meridiane und Punkte".

Gösmeier, I (2003): Akupunktur. Gesundes Pferd, Gesundheit erhalten, Krankheiten heilen mit Akupunktur, Akupressur und chinesischen Kräutern. Müller Rüschlikon, Stuttgart

Gösmeier, I (2010): Akupressur für Pferde – Wirkung und Anwendung. 3. Aufl., Kosmos Verlag, Stuttgart.

Guray, JY, van den Bosch, E (2002): Praxis der Pferdeakupunktur. Mit Punkte- und Meridiantafeln. Sonntag-Verlag, Stuttgart.

Heerde, M (1999): Pferdebehandlung mit Traditioneller Chinesischer Veterinärmedizin (TCVM). Sonntag-Verlag, Stuttgart.

Krokowski, C (2010): Akupunktur und Phytotherapie beim Pferd. 2., Aufl., Enke, Stuttgart.

Pascoe PJ (2002): Alternative methods for the control of pain. J. Am. Vet. Med. Assoc., 221, 222–229.

Schoen, A (Hrsg.) (2009): Akupunktur in der Tiermedizin. Lehrbuch und Atlas für die Klein- und Großtierbehandlung. 2. Aufl., Elsevier, München.

Westermayer, E (1993): Lehrbuch der Veterinärakupunktur. Band 1: Allgemeine Akupunkturlehre. Haug, Stuttgart.

Westermayer, E (1993): Lehrbuch er Veterinärakupunktur, Band 2: Akupunktur des Pferdes. Haug, Stuttgart.

Wolters, M (Hrsg.) (1997): Ganzheitlich orientierte Verhaltenstherapie bei Tieren. Sonntag-Verlag, Stuttgart.

Zohmann A, Kasper M (1994): Neuraltherapie in der Veterinärmedizin. Schlütersche Verlagsgesellschaft, Hannover.

Aus dem Inhalt
- Untersuchungsgang
- Diagnosekriterien und Diagnosestellung
- Punktauswahl und Therapie
- Fallbeispiele

Beschwerden und Krankheiten des Bewegungsapparates lassen sich häufig gut mithilfe der Akupunktur behandeln. Die Autorinnen geben einen leicht verständlichen Einblick in die praktische Anwendung der Akupunktur. Auch Schulmediziner, die noch wenige Erfahrungen mit der Chinesischen Medizin haben, werden den Erklärungen der Autorinnen gut folgen können und erhalten mit diesem Buch nachvollziehbare Untersuchungs- und Behandlungsempfehlungen. Anhand von einprägsamen und beispielhaften Fallbeschreibungen können die Leser eigene Patientengeschichten wiedererkennen und erhalten hilfreiche Anregungen und Hinweise für den Einsatz der Akupunktur in der eigenen Praxis.

M.& H. Schaper